石油管柱流动冲蚀机理及数值研究

SHIYOUGUANZHU LIUDONG CHONGSHI JILI JI SHUZHI YANJIU

朱红钧 ◎著

石油工业出版社

内 容 提 要

本书针对石油钻、采、输管柱的流动冲蚀问题,在综述国内外学者研究成果与进展的基础上,总结了笔者近年来的部分研究成果。基于计算流体力学理论,阐述了多相流作用于管壁引起的流动冲蚀机理,介绍了数值模拟石油管柱流动冲蚀的方法,对常见的钻具、阀门、弯管等管件的流动冲蚀进行了仿真分析。

本书可作为石油工程、油气储运工程、海洋油气工程等石油科学与工程技术类专业的高年级本科生、研究生和教师的教学参考书,也可供从事油气井管柱、地面输送管等石油管柱设计、加工与运营的科技人员参考。

图书在版编目(CIP)数据

石油管柱流动冲蚀机理及数值研究/朱红钧著. —北京:石油工业出版社,2020.7

ISBN 978 – 7 – 5183 – 4100 – 9

Ⅰ. ①石… Ⅱ. ①朱… Ⅲ. ①油气钻井—井下管柱—流体力学—数值模拟—研究 Ⅳ. ①TE931

中国版本图书馆 CIP 数据核字(2020)第 109319 号

出版发行:石油工业出版社

　　　　　(北京市朝阳区安华里 2 区 1 号楼　　100011)

　　　网　　址:www.petropub.com

　　　编辑部:(010)64256990

　　　图书营销中心:(010)64523633　　(010)64523731

经　　销:全国新华书店

排　　版:北京密东文创科技有限公司

印　　刷:北京晨旭印刷厂

2020 年 7 月第 1 版　　2020 年 7 月第 1 次印刷

787 毫米×1092 毫米　　开本:1/16　　印张:11.5

字数:293 千字

定价:99.00 元

前　言

　　石油管柱内部承载高压多相流,普遍存在流动冲蚀现象,尤其流道突变处的流动冲蚀现象异常严重,致使管柱发生穿孔、断裂等失效事故,严重影响正常开采输送作业,由气体钻井、气井出砂等形成的高速携砂气固两相流引发的安全事故已屡见不鲜。因此,流动冲蚀问题已成为石油管柱设计与安全服役的热点问题,大量学者开展了相关的实验与数值研究。然而,室内实验往往在常压下开展,很难实现真实的高压高速流动环境,测试结果不能直接指导生产实际。因此,数值模拟以其无可比拟的优越性成为研究流动冲蚀问题的重要手段。

　　国内外学者近几十年来对管道、阀门、泵等流动冲蚀问题开展了大量的数值模拟研究,出版了一系列有价值的研究成果,但系统阐述流动冲蚀及数值模拟研究方法的书籍较少。笔者近十年对石油管柱流动冲蚀问题进行了一些探究,出版本书旨在整理相关的研究成果,包括流动冲蚀机理与数值分析方法、典型问题的数值分析等,揭示流动冲蚀规律及主导因素,为石油管柱结构设计、流动冲蚀抑制装置的研制提供理论依据。本书内容主要来自于笔者所承担的国家重点实验室开放基金、西南石油大学校级自然基金等项目的研究成果,这些成果大多数已在SCI期刊发表。

　　全书共六章。第一章对流动冲蚀现象、国内外研究现状进行了综述;第二章阐述了流动冲蚀机理并介绍了流动冲蚀数值分析研究方法,包括控制方程、分析流程等;第三章对常见油井管柱的流动冲蚀问题进行了数值分析,包括钻杆内加厚过渡带、气体钻井环空钻杆接头、油管接箍处的流动冲蚀等;第四章对常见地面管线的流动冲蚀问题进行了数值分析,包括排砂管线、弯管、三通管、U形管的流动冲蚀;第五章对石油管线附属设备的流动冲蚀问题进行了数值分析,包括针形阀、旋风分离器的流动冲蚀;第六章对常见流动冲蚀抑制结构的抑制效果进行了数值评价,包括盲通管和肋条对弯管流动冲蚀的影响。

　　本书由朱红钧执笔,所指导的研究生咸宇航、唐堂、张春、王健、尤嘉慧、张文丽、唐丽爽、冯光、孙兆鑫、李帅、王萌萌、吴益名等参与了本书数值模拟、图表及数据的整理工作,在此向他们表示衷心的感谢。

　　本书编写与出版得到西南石油大学央财特色学科经费资助以及油气藏地质及开发工程国家重点实验室开放基金“高压油气井放喷测试管线流动冲蚀失效的流固耦合

数值分析"（编号：PLN1210）、西南石油大学深水管柱安全青年科技创新团队（编号：2017CXTD06）、西南石油大学校级自然基金"钻杆接头的流场诱导失效分析及结构优化设计"（编号：2010xjz133）的资助。感谢油气藏地质及开发工程国家重点实验室、西南石油大学对石油管柱流动冲蚀研究的资助和对笔者多年研究工作的大力支持。

限于笔者学术水平，书中难免存在不妥之处，敬请同行专家及广大读者批评指正。

朱红钧

2020 年 2 月于成都

目　　录

第一章

绪论

第一节　流动冲蚀现象

冲蚀是指液体或固体以松散的小液滴或颗粒(一般小于1mm)按一定的速度或角度对靶面材料冲击或切削后造成的一种材料损耗过程,广泛存在于机械、冶金、能源、建材、航空、航天等工程领域,是材料损坏及设备失效的重要原因之一。图1-1和图1-2分别为钻杆冲蚀穿孔和放喷管线流动冲蚀失效的实物,两者均由固相颗粒冲蚀引起。

图1-1　钻杆冲蚀穿孔实物

图1-2　放喷管线流动冲蚀失效实物

根据流动介质和离散相的类型,可以将流动冲蚀划为以下六种:

(1)携砂气流冲蚀,即气体携带固体颗粒对材料表面产生冲蚀的现象,常见的有旋风分离器、气体输送管道内部流动冲蚀及砂尘暴引起的冲蚀破坏等。

(2)携液气流冲蚀,即气体携带液滴对材料表面产生冲蚀的现象,如蒸汽发电机、汽轮机叶片等出现的流动冲蚀。

(3)携砂液流冲蚀,即液体携带固体颗粒对材料表面产生冲蚀的现象,如钻杆、套管、钻井泵叶轮等出现的冲蚀破坏。

(4)气蚀,又称空蚀,即液体夹带气泡对材料表面构成的冲蚀,如水泵、高压阀门密封面等出现的气蚀。

(5)气体同时携带液滴和固相颗粒对材料的流动冲蚀现象,如气井同时出砂、出水时井筒中的流动冲蚀。

（6）液体同时携带气泡和固相颗粒对材料的流动冲蚀现象,如油井伴生气及出砂时井筒中存在的冲蚀现象。

第二节　流动冲蚀研究现状

一、国外研究现状

国外学者针对流动冲蚀问题提出了一些理论模型及磨损量(率)计算公式,包括塑形材料的微切削理论、变形磨损理论、锻压挤压理论以及脆性材料的弹塑性压痕破裂理论、绝热剪切与变形局部变化磨损理论等。通过实验研究发现,这些流动冲蚀理论都存在着一定程度的局限性。例如,刚性颗粒低入射角产生的流动冲蚀应用微切削理论解释,而高入射角产生的流动冲蚀应用锻压挤压理论解释;流动冲蚀过程中产生的变形过程及能量变化可用变形磨损理论解释;刚性粒子在较低温度下对脆性材料的流动冲蚀行为应用弹塑性压痕破裂理论解释,等等。因此,至今尚未形成一个普适性较好的通用磨损量(率)计算公式。

1958 年,Finnie[1] 提出了刚性颗粒冲击塑性材料的微切削理论,这是第一个较完整的定量表达流动冲蚀速率与攻角关系的理论。Finnie 在实验中发现,磨料颗粒冲刷材料致使材料表面剥落与机械加工中刀具的切削作用类似,他正是基于这一类似推导了流动冲蚀速率的表达式。

1963 年,Bitter[2] 将磨损分为变形磨损和切削磨损两种。他认为 90°冲击角下的磨损与粒子冲击时靶材的变形有关,于是将颗粒冲蚀分为垂直压入和水平切削两个过程。对于塑性材料而言,在颗粒小角度撞击过程中主要受切削作用,而大角度撞击受挤压作用。Nielson 和 Gilchrist 通过实验确定了变形磨损理论的关系式。该模型对塑性材料在高角度冲蚀时进行了补充完善,并被实验所验证。但该模型不能解释脆性材料的流动冲蚀。

1973 年,Tilly[3] 在流动冲蚀微切削理论的基础上,考虑到粒子撞击材料可能会出现破碎,提出了二次流动冲蚀理论,他认为颗粒的破碎程度与颗粒速度、冲击角和粒度密切相关。对小颗粒或低速颗粒而言仅出现一次冲蚀,甚至不会发生冲蚀;当颗粒足够大、速度也较大时才会有破碎现象,从而产生二次冲蚀。因此,总冲蚀量是两次冲蚀量之和。该理论较好地补充解释了微切削理论难以说明的大攻角流动冲蚀现象。

流动冲蚀时材料表面往往受到不均匀的作用力,存在亚表层裂纹成核长大以及屑片脱离母体的过程。1977 年,Fleming 和 Suh[4] 提出了磨损剥层理论,分析了颗粒冲击塑性材料时对亚表层应力及空穴成核的影响,认为最大空穴成核区发生在攻角 15°～20°时。此外,实验也证明了带锐角的颗粒冲蚀靶材时,最大的冲蚀量主要发生在攻角 15°～20°范围内,而球形颗粒的最大流动冲蚀主要发生在攻角 25°～30°范围内。

1974 年 Hutchings[5] 在实验室中用直径 3mm 铁球以 250m/s 的速度撞击铝材表面,发现在压痕撞击出口端产生突唇,随后突唇从基体材料表面破裂脱落。1981 年,该团队提出临界塑性应变理论,并给出动态硬度与抗冲刷延展性两个概念。

同年,Bellman[6] 通过观察颗粒撞击同一点的冲蚀过程,发现锐角颗粒和圆形颗粒连续打击下试样表面均会形成薄板状碎片,但会形成不同形貌的撞击坑,如垂直压痕、划痕等。于是,他建立了撞击角度与撞击坑形貌之间的关系式。

1991 年，Levy 和 Crook[7] 在总结前人研究后提出了锻造挤压理论，或称为流动冲蚀"成片"理论。如图 1-3 所示，颗粒的连续冲击不断挤压靶材表面，从而出现凹坑及凸起的唇片，紧接着颗粒对唇片进行锻打，发生严重塑性变形后，靶材表面部分将以片屑形式流失。在冲蚀过程中，靶材表面吸收冲击粒子的动能转化为热能，在靶材表层下形成加工硬化区，提高了唇片形成效率。目前，该理论得到了较多研究者的认可，能够较好地解释微切削理论难以说明的复杂磨蚀现象。

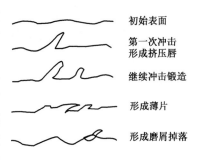

初始表面

第一次冲击
形成挤压唇

继续冲击锻造

形成薄片

形成磨屑掉落

图 1-3 挤压—薄片剥落机理示意图

脆性材料在颗粒撞击下不易变形，因此其流动冲蚀机理与塑性材料不同。脆性断裂冲蚀理论认为颗粒在冲击脆性材料时，首先在材料表面产生压痕，当颗粒具有足够的冲击动能时，在压痕区下方会产生横向裂纹和径向裂纹，裂纹的产生将导致材料出现损耗。

2015 年 Yabuki[8] 考虑了冲刷与腐蚀间的耦合作用，对近壁流动冲蚀失效进行了实验研究。

二、国内研究现状

国内关于流动冲蚀方面的研究起步较晚。20 世纪 90 年代末，刘立本[9] 研究了磨料射流对金属和脆性材料的流动冲蚀，验证了 Bitter 变形磨损理论。张永清等[10] 改变冲击角、颗粒含量、颗粒平均速度观察了实验装置被流动冲蚀的效果，通过实验证明了韧性材料的流动冲蚀磨损机理是微切削磨损与变形磨损的综合结果。林福严与邵荷生[11] 对磨料本身的硬度进行了实验对比，发现颗粒自身硬度对冲蚀结果有很大的影响，于是将磨损分为三个区：软磨料冲蚀磨损区、硬磨料冲蚀磨损区和冲蚀磨损过渡区。此后，他们[17] 在进一步的研究中发现低角度冲蚀时，延性比较大的材料磨损以压坑—形唇—剥落为主，而延性比较小的材料则更多地产生微切削磨损；大多数材料两种机理并存，相对比例因延性大小不同而有所差别。陈云贵[13] 模拟了颗粒对叶片的冲蚀过程，对不同冲击角度下马氏体基体和奥氏体基体的流动冲蚀进行了对比，验证了脆性断裂冲蚀磨损模型。樊建人等[14] 通过煤灰颗粒冲击管道实验探究了颗粒直径对冲蚀的影响。陈关龙等[15] 在此基础上开展了高温流动冲蚀实验，总结了温度对流动冲蚀的影响。刘新宽与方其先[16] 研究了液固两相流的冲刷规律，发现冲刷失重速率随冲刷角度的增大而单调增加。郑玉贵等[17] 综合了流速、流态、攻角以及颗粒属性等因素对冲蚀的影响规律，讨论了影响冲蚀的主导因素，提出了如何从流体力学角度抑制冲蚀。黄学宾等[18] 利用热点红外光谱测试（XRD）、扫描电镜、能谱分析等表面分析方法研究了温度、冲击速度、时间、冲击压力以及液体介质对油管冲刷腐蚀的影响。

冯耀荣等[19] 研究了钻杆内螺纹接头处的磨损失效，指出接头螺纹的磨损主要是黏着磨损，在润滑不良、紧扣扭矩不足或接头连接松动的情况下极易发生。郭大展与王良建[20] 对稳定氧化锆陶瓷表面的流动冲蚀进行了研究，分析了陶瓷表面的流动冲蚀机理和特性。董海清等[21] 讨论了湿法磷酸引起的腐蚀促进作用，提出了物料泵材料耐冲刷腐蚀合金化方向应重在提高其再钝化能力。

柳秉毅与程晓农[22]对韧性金属材料的流动冲蚀磨损机理进行了研究,基于实验数据提出了流动冲蚀磨损的经验模型。石奇光等[23]提出用材料的体积磨损率来定义材料的耐冲蚀磨损性能。于福州等[24]开发了快速评价合金耐冲刷腐蚀性能的再钝化动力学参数法。王志武等[25]使用自制的凝汽器黄铜管冲蚀模拟试验装置较好地模拟了实际冲蚀情况。阎永贵等[26]利用新研制的两相流冲蚀激光多普勒实验装置,通过失重测试、表面形貌观察、局部流速流态测试和典型部位的电化学测试,研究了突扩管碳钢 AISll020 在单相及含砂人工海水介质中的冲蚀现象。

随着计算机技术的快速发展,计算流体力学(CFD)应用愈加广泛。多相流冲蚀研究进入了数值模拟高速发展时期。采用 CFD 方法,可以得到复杂流场中颗粒的运动轨迹及其对壁面的流动冲蚀速率,使靶面材料的流动冲蚀研究在成本上大幅降低。CFD 方法通常先模拟流场,待流场计算稳定后添加颗粒,用拉格朗日法来跟踪颗粒轨迹,然后根据实际工况,选择冲蚀模型,计算靶面材料的冲蚀速率。通常冲蚀比较严重的部位、管径、流向会有较显著的变化,如弯管、三通等。目前,弯管的流动冲蚀模拟研究最为丰富。毛靖儒等[27]计算了气固两相流对矩形截面弯管的冲蚀,发现颗粒在截面方向撞击管道的速度受气体二次流的抑制,而固相二次流则增大了弯头外拱壁的磨损量。张义等[28]模拟研究了烟气(气固两相流)对弯头的冲蚀,讨论了速率、颗粒粒度、浓度对冲蚀的影响。李永祥[29]分析了压缩空气携带颗粒对弯头的流动冲蚀机理,设计了若干抑制冲蚀的弯管结构。目前,气固两相流动冲蚀的研究相对较多,而液固两相流、气液固三相流的冲蚀研究还较少。付林等[30]分析了油煤浆对不同弯径比的弯管冲蚀结果,发现管道内径相同时,最大冲蚀速率随弯径比增大而减小。韩方军等[31]模拟了三通管的流场,并对管道进行了结构优化。黄勇等[32]模拟分析了三通管壁面的冲蚀磨损分布情况。张政等[33]综合冲蚀模型和腐蚀模型,模拟了液固两相流对突扩管的冲刷腐蚀情况。任建新等[34]以流量计振动管为研究对象,仿真研究了颗粒对流量计振动管的冲蚀。徐姚[35]应用 CFD 方法建立了液固两相流模型,但只能开展二维计算,且未考虑颗粒对流体的反作用及颗粒之间的相互作用,尚不适用于较高颗粒浓度下的液固两相流运动。茅俊杰[36]结合颗粒运动随机轨道模型,综合研究了材料受流动冲蚀和气蚀两方面的作用。

尽管人们已经开展了大量的实验与模拟研究工作,但现有的冲蚀模型仍较局限,模拟也依赖于实验测得经验参数与经验冲蚀模型,关于多相流动冲蚀全耦合研究还有待突破。

第三节　流动冲蚀实验研究进展

一、喷射实验

Ahlert[37]、Vertitas[38]、Haugen[39]、Neilson 和 Gilchrist[40]、McLaury[41]、Oka[42], Finnie[43]、Grant 和 Tabakoff[44]等人先后开展了喷射实验研究。喷射实验装置如图 1 - 4 所示,由压缩机压入高压气体,携带由砂箱中掺入的砂粒,经喷枪加速后喷出,冲击在试片上,通过测量试片重量和表面形貌的变化来反映冲蚀的严重程度。

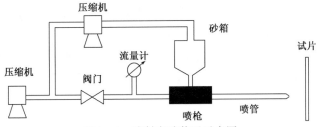

图 1-4 喷射实验装置示意图

Alam[45]通过喷射实验使用电子显微镜与光学显微镜表征油气输送管道的微观结构,发现发生流动冲蚀的主要原因是严重的塑性变形及材料脱落,同时在较高的浆料浓度下,犁削和微切削会引起二次流动冲蚀。Han[46]通过喷射实验后的数据统计及 SEM 形貌分析(图 1-5),发现冲击角和冲击速度对目标表面的磨损机理有很大影响。材料的弹性模量会显著影响颗粒的冲击效果,较大的弹性模量会产生较大的冲击力,较小的弹性模量会产生较长的冲击时间和较深的压痕。

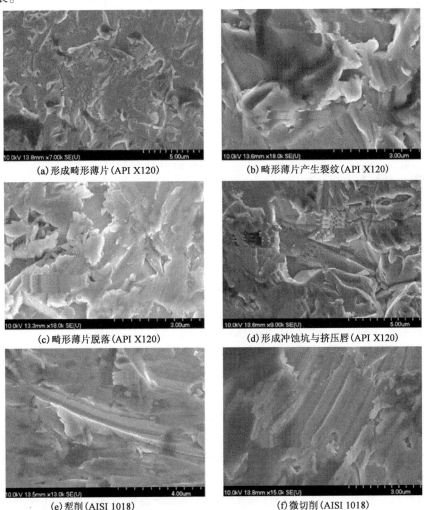

(a) 形成畸形薄片(API X120)   (b) 畸形薄片产生裂纹(API X120)

(c) 畸形薄片脱落(API X120)   (d) 形成冲蚀坑与挤压唇(API X120)

(e) 犁削(AISI 1018)   (f) 微切削(AISI 1018)

图 1-5 流动冲蚀扫描电镜照片[46]

Zhang[47]通过钻井液喷射实验分析了压裂管道在多相流作用下的流动冲蚀磨损。研究发现随着冲击角的增大,流动冲蚀磨损机理最初主要依赖于切削模型,然后结合切削和塑性变形,最后完全依赖于颗粒迎头撞击引起的塑性变形;高应力流动冲蚀磨损与正常流动冲蚀磨损有重要区别,当应力超过一定值时,流动冲蚀磨损就会变得非常严重,长时间的流动冲蚀磨损会导致坑内应力集中,使得材料一般更容易受到流动冲蚀颗粒的影响。由于高压弯头的外部反复受到拉应力的作用,因此随着工作压力的增大,磨损速率也随之增大。

Yao[48]采用射流实验分析了液固两相流对不锈钢的流动冲蚀响应,发现:

(1)颗粒材料影响了流动冲蚀程度,石英砂比海砂的流动冲蚀作用更明显。

(2)不锈钢的单位面积质量损失与时间呈线性关系,304不锈钢的流动冲蚀速率略高于316不锈钢,说明目标材料的硬度对其抗蚀性有决定性影响,在抗蚀性方面起着积极作用。

(3)流动冲蚀表面出现沿流动方向的犁耕或微切削。

也有部分学者针对流动冲蚀问题提出了一些仿生学解决方案。其中,Huang[49]通过喷砂实验研究了仿生结构材料的流动冲蚀特性,发现仿生结构具有较好的耐蚀性。在达到稳定周期后,仿生样品单位时间的失重比对照样品小10%左右。Han和Yin等[50]受红柳表面结构启发设计了一种仿生结构,通过喷射实验研究发现,具有V形槽的仿生表面具有最佳的抗流动冲蚀性能,仿生表面能提高抗流动冲蚀性达28.97%,同时设计了四种耐蚀仿生模型。经模拟研究发现,与方形槽面、U形槽面、凸面的仿生试样和光滑试样相比,V形槽面具有更好的耐蚀性能,并且认为颗粒流动磨损中颗粒引起的表面冲蚀可以通过在表面开设一个流向的凹槽来减少。

考虑到不同材料的流动冲蚀特性不同,学者们针对不同材料做了大量的研究。Yabuki[51]使用狭缝射流装置对七种聚乙烯、三种其他类型的聚合物以及两种铁和钢进行了浆料流动冲蚀试验,并考虑了流动冲击角的影响。结果表明,在所有的颗粒冲击角范围内,与其他材料相比,所有聚乙烯都具有良好的抗流动冲蚀性能。Haugen等[52]采用喷射实验方法对28种材料的抗流动冲蚀性能进行了对比,发现28种材料中,有三种碳化钨固体材料和两种陶瓷材料耐流动冲蚀性很好,并指出碳钨涂层可以极大提高材料耐流动冲蚀性。

Wang[53]设计了一套钻井液喷射实验装置,研究了材料表面对流动冲蚀的影响,发现试样是否浸没在液体中对结果影响较大。当试样浸没在水中时,液体中的射流受到影响,局部撞击角发生明显变化,形成W形疤痕。但如果射流暴露在空气中,撞击速度和撞击角度的变化较小,因此产生的疤痕形状较为平坦。Fan等[54]实验研究了加装肋条的90°弯管的颗粒流动冲蚀情况,发现有肋条弯管平均流动冲蚀程度是裸管的三分之一,矩形肋条抗流动冲蚀效果比正方形肋条好但弯管焊装肋条并不会改变壁面流动冲蚀位置。Ronald和Vieira[55]通过射流试验研究了气流携砂对弯头流动冲蚀的影响,发现单相(气体)的最大流动冲蚀位置在弯管45°左右;增加单相流动中的颗粒大小,最大流动冲蚀速率的位置没有改变;由于300μm砂粒更为尖锐,300μm砂粒的流动冲蚀速率是150μm砂粒的1.9~2.5倍。

Poursaeidi[56]通过喷射实验预测了颗粒冲击对轴流压气机第一级叶片(IGV)的流动冲蚀。颗粒轨迹表明其对IGV(进口导流叶片,即第一级叶片)和转子压力面、定子压力和吸力面产生影响。根据计算得到的颗粒轨迹,通过实验校准流动冲蚀模型,对IGV、转子叶片和定子叶片表面流动冲蚀模式进行了预测,发现最高流动冲蚀速率出现在转子叶片尖端和定子轮毂,尤其是前缘附近。

二、环道实验

Bourgoyne[57]使用实验环道测试了循环携砂流对弯管的冲蚀,并归纳了流动冲蚀经验模型,其环道实验装置如图1-6所示。

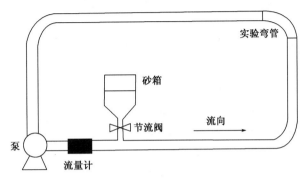

图1-6 环道实验装置示意图

管道流动冲蚀对设备造成明显的损伤,减少了设备的使用寿命。因此 Yao[58]实验研究了加装肋条对弯管流动冲蚀的影响,研究表明在相同的高度条件下矩形肋条比方形肋条具有更高的冲蚀保护率;与无肋直管相比,带肋直管的冲蚀速率降低了 26.14%;截面数为 3×2 的肋条具有最佳的流动冲蚀保护率;同时采用表面涂层的方法来降低流动冲蚀。Wheeler[59]实验研究了海上闸阀硬表面涂层的抗流动冲蚀特性,确定了具有最大抗蚀性的热喷涂涂层具有的属性:(1)研磨表面;(2)均匀的微观结构;(3)孔隙率低;(4)碳化物尺寸分布窄;(5)碳化物分解的发生率低;(6)涂层/基材界面没有喷砂残留物。

Xia 和 Ming[60]通过环道实验研究了圆柱在气固两相循环流化床中的流动冲蚀特性,发现磨损主要发生在柱体的上方,磨损大小随着柱体的宽度而变化。当达到一个最佳宽度时,流动冲蚀得到了显著抑制。

弯管的位置、不同颗粒直径以及不同冲击速度,产生的流动冲蚀结果也不一样。Ronald 和 Vieira[61]采用环道实验装置研究了颗粒对弯管的流动冲蚀,发现在相同的冲击角度下,颗粒速度越高,流动冲蚀速率越高。在所有粒子速度下,冲击角越低,流动冲蚀速率越高,其最大角度在 15°~40°之间。Zeng[62]在环道实验中采用阵列电极技术研究了不锈钢在 90°弯头不同部位的冲蚀行为,发现弯管主要流动冲蚀位置位于外拱壁。Nguyen[63]实验研究了颗粒直径对流动冲蚀特性的影响,研究发现随着颗粒尺寸的增加,流动冲蚀速率增加,然而在颗粒尺寸为 150μm 时,流动冲蚀速率达到最大值,然后随着颗粒尺寸变大而逐渐减小。Liu[64]采用环道实验研究了流速对 90°水平弯头流动冲蚀的影响,研究发现流动冲蚀速率随颗粒速度在一定范围内增加而增加,当速度从 3.5m/s 增至 4.0m/s 时,流动冲蚀速率增加越来越快,在弯头入口区域(轴向角度在 0°~45°之间)表现得更明显。

流体的加速流动会加剧弯管的流动冲蚀,其中 Wael 和 Ahmed[65]在环道实验中研究了在流动加速条件下孔板下游的流动和传质,研究发现最大传质系数在小孔下游 2~3 倍管径处,该处同时也是流动分离旋涡产生的高湍动能位置;孔口几何形状对于孔口下游的磨损率有很大影响,最大磨损值位于孔口下游 5D 以内。

Thiana[66]通过环道实验研究了以流化催化裂化(FCC)颗粒为固相、以空气为气相的旋流器流动冲蚀问题。实验表明,在旋流器中,随着进气速度的增加,流动冲蚀速率增大,特别是在 30m/s 和 35m/s 的速度下。因此在相同的速度下,流动冲蚀量随固体含量的增加而减小,流动冲蚀速率的降低归因于颗粒间的碰撞。

弯头放置位置的不同也决定了流动冲蚀大小的不同。Ronald 和 Vieira[67]通过环道实验研究了水平卧式弯管的砂粒流动冲蚀现象。实验结果表明,水平弯头(H—H,即水平放置)在不同流型下具有不同的流动冲蚀行为。与垂直—水平弯管的流动冲蚀比较,发现在一定流动条件下,H—H 弯管的流动冲蚀比 V—H(进口竖直)的弯管小。

Huang 等[68]采用环道实验探究了 ROP(rate of penetration)和注入气量对钻杆流动冲蚀磨损的影响,并完善修正了钻杆流动冲蚀磨损模型。

Zhang[69]采用气固两相流环道实验分析了管流中侵入探头的表面流动冲蚀行为,发现实验开始时冲蚀最严重的位置位于探头顶部,但在实验结束时,流动冲蚀面向探头底部移动。Liu[70]针对钻井四通的流动冲蚀实验研究发现,流动冲蚀发生在旁路入口,随着时间的延长,旁路中间流动冲蚀逐渐增大,最大流动冲蚀发生在旁路入口 40mm 处。

三、其他实验方式

Xu[71]利用搅拌器搅拌来开展流动冲蚀实验,搅拌釜内壁面贴有线束电极(WBE)和试样,通过搅拌器高速旋转形成高速流动,结果表明 WBE 能较好地模拟流动条件下钢片试样在 FAC 中的腐蚀和流动冲蚀行为。

Ben – Ami[72]建立了半机械半经验流动冲蚀模型,并用实验数据进行了验证。该模型的新颖之处在于精确地预测了产生最大流动冲蚀的冲击角,并将其与可测量的机械性能如硬度和断裂韧性联系起来。靶材断裂韧度(R)与其硬度(H)之比是控制流动冲蚀机理的参数,因此也是决定最大流动冲蚀角的参数。研究得到的靶材力学性能与模型系数的关系可用于各种靶材颗粒的流动冲蚀预测。新模型引入了 f 指数,f 指数取决于靶材断裂韧性(R)与其硬度(H)之比,f 指数是衡量颗粒锐度的指标。

第四节　流动冲蚀模拟研究进展

一、弯管流动冲蚀模拟

Song 和 Lin[73]使用了 CFD—DPM 方法研究了在管道内壁面加装肋片对管道流动冲蚀的影响,研究发现一定的肋片高度对管壁流动冲蚀有明显的减弱效果。而 Fan[74]通过改变肋片形状,研究不同形状肋片对弯管抗流动冲蚀性能的影响,发现等腰直角三角形具有最佳的抗流动冲蚀性能。Zhu 和 Li[75]对 90°弯头外侧壁不同位置安装的梯形肋条进行了研究,发现颗粒的第一次冲击发生在 $\theta = 35°$ 处,形成椭圆形的冲蚀痕迹,然后颗粒再次撞击弯管外拱壁,形成 V 形流动冲蚀痕迹;当肋条放置在第一次冲击位置前时,肋条成为牺牲元件,在一定程度上保护弯管免受颗粒撞击。然而,随着肋条向后移动,抗流动冲蚀的作用减弱。最佳抗流动冲蚀位置在 $\theta = 25°$ 处,最大流动冲蚀降低了 31.4% ,而 $\theta = 35° \sim 45°$ 处的肋条起反作用,肋条的磨损速度达到最大值。

弯管角度,粒子的冲击速度、浓度等参数不同时造成的流动冲蚀结果也大相径庭。Banakermani 和 Naderan[76]研究了弯头角度从 $15° \sim 90°$ 时,不同冲击速度、冲击角度和冲击频率下最大流动冲蚀速率,发现在相同边界条件下,管壁流动冲蚀速率随着弯头弯曲程度呈先增大后减小的趋势,在 $75°$ 弯头中流动冲蚀速率最大。Peng 和 Cao[77]研究了不同流速、颗粒质量流量和平均曲率半径与直径条件下,弯管内的流动冲蚀分布和颗粒轨迹。研究发现在 R/D 较小时,不同入口速度下,弯管的粒子轨迹和流动冲蚀分布相似,流动冲蚀轮廓呈现 V 字形疤痕,这些疤痕是由颗粒的一次碰撞与二次碰撞造成的。此外,滑动碰撞提高了弯头的流动冲蚀速率,但不能明显改变冲蚀疤痕的形状。弯径比较大时,肘部流动冲蚀速率呈现多个峰值,弯头 V 字形疤痕是由第一次碰撞引起的,而二次碰撞疤痕发生于距 V 字形疤痕稍远的地方。Zhang 等[78]采用 CFD—DPM 方法模拟了气液固三相流弯管流动冲蚀,发现肘部的外弧和下游管道与肘内壁之间的连接处的流动冲蚀最为严重;当粒子的入射位置远离入口平面的顶部时,二次碰撞的可能性变小。此外,流动冲蚀速率随着 R/D 的增加而降低。Zeng[79]通过 CFD—DEM 方法研究了天然气管道中携硫颗粒的颗粒浓度、冲击速度和冲击角度对弯道流动冲蚀作用的影响,发现冲击浓度、冲击速度和冲击角度是影响流动冲蚀行为的主要因素。随着颗粒圆度的增加,流动冲蚀速率先降低后升高;当圆度 <0.77 时,流动冲蚀速率主要受冲击速度和冲击角度的影响;当圆度 >0.77 时,冲击浓度对流动冲蚀速率的影响更为明显。Pei 和 Lui 等[80]使用 CFD—DEM 方法模拟了液固两相流的颗粒对弯管的流动冲蚀影响,发现当 $d = 0.6\,\text{mm}$ 、$v = 5\,\text{m/s}$ 时流动冲蚀位置主要位于弯管两侧壁面;当 $d = 1.5\,\text{mm}$ 时流动冲蚀位置移动到弯头外拱壁下游。

不同的数值方法所得到的结果往往存在一定的差异。Zhang[81]通过 CFD 数值模拟方法对不同网格的弯头进行流动冲蚀模拟,发现湍流模型对于砂粒流动冲蚀预测非常重要,雷诺应力模型是最合适的湍流模型并认为直管段轴向的网格细化不会影响流动冲蚀结果。Lopez 和 Nicholls[82]同时使用 Fluent 及 OpenFOAM 对管道射流流动冲蚀进行模拟对比,发现冲击角和速度趋势均具有一致性,数值之间的差异较低。Howard[83]基于 CFD—DPM 提出了一种新的理论模型来预测流动冲蚀。该模型基于颗粒间碰撞来预测管道磨损,这种碰撞是由于来自不同流线的颗粒具有不同的速度而发生的,然后继续冲击管壁。Avi 等[84]用 CFD—DEM 验证了新的算法 ODEM 对管道流动冲蚀预测的可行性。ODEM 是一维两相流流动模型和描述粒子—壁面碰撞特征的统计分布函数的组合,同样的模拟条件 ODEM 的计算时间只用了 CFD—DEM 的 1/54。与 DEM 算法结果对比发现,两者计算结果一致,验证了 ODEM 方法的可行性。Liu 等[85]提出了一种简化的 CFD 程序来计算弯头的流动冲蚀速率,将复杂的环状流转化为单相流动。

颗粒本身的运动方式和特征也对流动冲蚀的结果有显著影响,Zamani 等[86]用 CFD—DPM 方法研究了气固两相湍流中旋转颗粒对天然气弯头的流动冲蚀,研究发现由于旋转升力的影响,在存在颗粒旋转的情况下,在弯头肘部的内表面和外表面上产生大尺度的颗粒集中区,颗粒旋转运动引起了与壁面的更具破坏性的碰撞。Carlos 和 Francisco[87]采用 CFD—DPM 模型研究粒子之间的碰撞对弯管的影响,发现在低粒子浓度时,粒子间碰撞会对冲蚀结果产生积极影响;而表面粗糙度的变化分析表明,随着粗糙度的增加,流动冲蚀程度单调减小。

不同材料间性质的差异也会造成不同的流动冲蚀效果。Mazdak[88]采用CFD—DPM模型研究了石油天然气管道的流动冲蚀情况,发现当颗粒大于$100\mu m$时,流动冲蚀比(流动冲蚀材料的重量/冲击颗粒的重量)几乎与颗粒尺寸无关;同时发现了脆性材料的流动冲蚀速率趋势与韧性材料不同。对于延性材料,在较低的冲击角度下会发生较高的流动冲蚀速率。

液体本身的特性和冲击也对流动冲蚀存在一定的影响。Peyman[89]采用CFD—DPM液固两相流方法研究了弯管流动冲蚀的影响,发现通过增加液体流速使得液膜厚度增加从而减小流动冲蚀;对于恒定的气体速度,随着液体速率增加,大多数颗粒在较低的冲击角度下撞击,解释了液流速度较低时流动冲蚀速率更高的现象。Fujisawa[90]研究了液滴冲击对管道流动冲蚀的影响,发现由于液滴的惯性,液滴撞击发生在弯曲壁的上侧。

二、阀门、三通流动冲蚀模拟

Liu等[91]采用CFD—DPM液固两相流模型研究了蝶阀的流动冲蚀,研究发现随冲击速率、颗粒质量分数、颗粒直径的增加,蝶阀流动冲蚀速率增加且阀盘的流动冲蚀主要发生在表面的上游边。随着入口压力、速度、质量流量、壁面剪应力的增加,湍流强度和颗粒流动冲蚀会增强,然而,随着阀门开度的减小,质量流量、壁面剪切应力、湍流强度和颗粒流动冲蚀明显减少[92]。在阀门开度为60°和30°时,蝶阀的流动冲蚀主要发生在阀盘的边缘附近,在阀门开度为90°时,蝶阀的流动冲蚀主要发生在阀盘前后部分。因此,可以通过增大阀门开度或降低入口压力来防止蝶阀的流动冲蚀。

Wallace和Dempster[93]采用CFD—DPM模型对节流阀进行了流动冲蚀研究,发现在入口变径处,阀门受到的流动冲蚀较为严重,其内部的流动冲蚀情况较低。Hu[94]研究了钻井节流阀抗蚀性能,发现钻井液在MPD节流阀室壁面上迁移钻屑的流动冲蚀磨损主要发生在阀芯末端。阀盖的内壁和阀座受到流体的高冲击角和低速冲击的影响,这使得流动冲蚀面积和最大流动冲蚀速率比阀芯的端部小得多,同时钻井液的流速是影响颗粒流动冲蚀速率的主导因素,颗粒的质量流量也对颗粒的流动冲蚀速率有很大影响。不同开口尺寸和钻井液密度引起的入口和出口节流压力对流动冲蚀速率的影响小于上述两个因素。

Huang和Zhu[95]研究了不同颗粒尺寸下,气固两相流对一端加盲板的三通管的流动冲蚀作用,发现三通中的流动冲蚀主要沿缓冲壁和内外接头分布。在相同尺寸的颗粒条件下,当颗粒直径较小时,接头处的流动冲蚀更大,而当颗粒直径较大时,缓冲壁中的流动冲蚀更大。Pouraria等[96]开展了水下管道系统弯管与三通管的流动冲蚀研究。对于弯管、三通管有较好的耐流动冲蚀能力。

三、换热器、汽轮机、孔板流动冲蚀模拟

Gao[97]采用CFD—DPM液固两相流方法对管式换热器进行了流动冲蚀研究,发现流速较高和流动角度较低的区域容易产生流动冲蚀,且在20°时冲蚀十分严重。Bremhorst和Brennan[98]采用CFD—DPM方法研究了管壳式换热器入口段流动冲蚀现象,研究认为大流入

角度在入口处有更好的分流效果,入口分流处往往是流动冲蚀磨损最严重的区域,减小入流角度可以有效减少流动冲蚀磨损。

Cai[99]采用CFD—DPM数值模拟方法分析了汽轮机的气体颗粒流动冲蚀特性,研究发现喷嘴和旋转叶片后缘的流动冲蚀损坏主要是由灰分颗粒的高速切削行为引起的。典型的入口蜗壳结构导致第一级喷嘴沿圆周方向存在不均匀流动冲蚀。Azimina和Bart[100]采用CFX中的Tabakoff and Grant流动冲蚀模型对汽轮机流动冲蚀位置进行了模拟,认为汽轮机有着三个比较明显的流动冲蚀区域,第一个也是受影响最大的部分是定子叶片的后缘,第二个但受影响较小的部分是转子叶片的吸入侧前缘,第三个区域是转子叶片的中心区域。Campos-Amezcua等[101]进行了蒸汽轮机叶片流动冲蚀实验,发现Tabakoff-Wakeman冲蚀模型对蒸汽轮机叶片的流动冲蚀预测最为精准,颗粒直径是流动冲蚀影响最大的参数。Khanal和Hari[102]采用CFX中的Tabakoff and Grant冲蚀模型对混流式流道叶片进行了优化设计,提出叶片曲率系数为25%的叶片型线是最优的叶片型线。

Nemitallah和Ben-Mansour[103]采用CFD数值模拟方法研究了孔板下游的颗粒冲蚀情况,研究表明流动冲蚀严重的区域有两个,一个紧靠孔板,一个是下游二次碰撞的区域;另外,流动冲蚀速率随入口速度的增加而增加,随颗粒尺寸的增加而降低。Knight等[104]对孔板下游小口径管道壁厚减薄、泄漏的原因进行了分析,认为管壁变薄主要是由大量液滴撞击管壁引起的,这些撞击主要发生在涡流再附着点所在的孔板下游约2D处。

四、其他设备的流动冲蚀模拟

Subhash等[105]采用CFD—DPM方法对水力压裂过程中钻井液油管流动冲蚀进行了分析,发现最大流动冲蚀发生在远离管道入口处。Farzin和Ebrahim[106]采用CFD—DPM液固两相流模型分析了扼流圈几何形状对管道流动冲蚀的影响,研究发现与传统扼流圈相比,扼流圈圆台形逐渐收缩结构能够在很大程度上减弱收缩断面的流动冲蚀。Zheng和Liu[107]采用CFD—DPM模型探讨了水力压裂过程中的流动冲蚀破坏现象,研究结果表明流动冲蚀是由砂粒和球座壁之间的冲击及切割造成的,最大流动冲蚀区域位于锥面与圆柱通道之间的连接处;对比分析了锥角和结构形式对平均流动冲蚀速率的影响,发现20°~30°的锥角是球座的合适范围,双锥结构具有比其他结构类型更好的抗腐蚀性。

Graham和Wu[108]采用CFD—DPM方法研究了钻井液流动过程中圆柱外壁的流动冲蚀情况,发现涡流作用引起的流动冲蚀比颗粒直接撞击在壁面上引起的冲蚀更加严重,典型部位可达1.6~3.5倍。

Habib和Badr[109]采用CFD—DPM方法研究了管道渐缩段的流动冲蚀情况,研究发现入口速度以及颗粒直径对管道流动冲蚀有很大影响,相同条件下随着流速及颗粒直径的增加管道流动冲蚀更为严重。Hu和Luo[110]在Habib基础上研究了管道渐缩段收缩比对管道流动冲蚀速率的影响,发现随着管道收缩比的增加,管道的流动冲蚀速率降低。Zhu等[111]采用CFD—DPM方法研究了井口放喷管线的流动冲蚀情况,发现严重流动冲蚀区位于弯管角平分线下游约30°处,是颗粒的主要撞击区。入口流量越大,流动冲蚀越严重。然而,随着管径的增加,流动冲蚀严重程度减弱。Lin等[112]采用拉格朗日离散模型(LDM)方法研究了不同压力下气固两相流流动冲蚀情况,发现当气相速度和固体速度不变情况下,高压时该方法的结果与实验结果相近,低压时类似于典型应用的流动冲蚀模型。重力在高压时对颗粒的影响更明显,最大流动冲蚀位置在弯管出口附近,并沿重力方向。最大流动冲蚀速率和平均流动冲蚀速率随着气固两相、气相、固相的增加而增加。在低压时气相对粒子速度的影响很小,但在高压时气相对粒子速度的影响很大。

Farzad 和 Seyyed[113]采用 CFD—DPM 方法研究了内圆锥尺寸对旋风分离器流动冲蚀的影响,研究发现当内锥直径和高度增加时,流动冲蚀速率增加,并且当旋风分离器不具有内圆锥时,其流动冲蚀速率更大。Xu 和 Wu[114]采用 CFD—DPM 液固两相流模型模拟新型内卷型入口水力旋流器的流动冲蚀效果,结果表明新型旋流器可以有效降低维护成本并降低矿物处理过程中的操作压力,同时可以消除潜在危险区,降低集中磨损的等级。

Gianandrea[115]采用 CFD—DPM 模型对涡轮喷油器的流动冲蚀现象进行数值研究,发现最大流动冲蚀位置位于喷嘴座出口边缘,喷嘴座上的冲击角通常低于 20°,从而表明切割磨损可能是佩尔顿涡轮喷射器中的主要流动冲蚀机制。Huang 等[116]采用 CFD—DEM 模型进行离心泵液固两相流动瞬态模拟,研究发现当颗粒向蜗壳移动时,颗粒轨迹与叶轮叶片形状一致,但由于颗粒间相互作用频繁,颗粒浓度较高,无法区分颗粒大小对轨迹的影响。

Lei 和 Kun[117]基于 CFD—DEM 方法对流化床冲蚀情况进行分析,研究发现流速和管形对流化床内浸入式管道的磨损速率及分布有显著影响。浸没管的流动冲蚀模式随气体流速的增加而变化。沿管轴线的方形管流动冲蚀也与圆管的流动冲蚀不同;流动冲蚀速率的分布定性地符合管周波动能,表明流动冲蚀发生与颗粒的波动能相关。Jin 等[118]用浸入边界法研究了气固两相流交错管束的流动冲蚀,发现第一排管束的整体冲蚀随着颗粒尺寸的增加而增加,交错管束中第二排管的流动冲蚀损伤远大于第一排管的冲蚀损伤;靠近壁面边界的管道流动冲蚀远大于位于管束中心的相应管道。Ferng 和 Tseng[119]通过 CFD 分析功率提高对沸水反应堆流动冲蚀磨损的影响,研究结果表明提高反应堆功率对流动冲蚀位置分布的影响微乎其微,在实际生产中没有必要因为提高功率去修改管道系统。

Zhao 等[120]利用 DEM 模拟提出了一种 SIME 流动冲蚀模型。根据剪切冲击能量与流动冲蚀能量的比率,可以预测剪切冲击引起的流动冲蚀,目标表面的总流动冲蚀可以通过将从每个冲击中移除的材料的体积相加来获得,提出的流动冲蚀模型预测结果与实验结果吻合较好。

现有实验研究主要为喷射实验和环道实验,较难全面掌握靶面的冲蚀形貌和流场信息,而现有绝大多数模拟工况为不可压缩携砂流,研究对象主要集中于弯管,而在石油与天然气管道运输中普遍存在流道和流速突变,如三通、钻杆接头、油管接箍、U 形管、针形阀、旋风分离器、盲通管、放喷管线等,且天然气大多为高压可压缩流,因此有必要开展不同部件的复杂多相携砂流动冲蚀研究。

参 考 文 献

[1] Finnie I. National Congress of Application[C]. 3rd. Mechanism, 1958, 527.

[2] Bitter J G. A study of erosion phenomena[J]. Wear, 1963, 6: 5 – 21.

[3] Tilly G P. A two stage mechanism of ductile erosion[J]. Wear, 1973, 23: 87 – 96.

[4] Fleming J R, Suh N P. Mechanics of crack propagation in delamination wear[J]. Wear, 1977, 44: 39 – 56.

［5］Hutchings I M. Particle erosion of ductile mechanism of material remove［J］. Wear, 1974, 27：（1）：121 - 128.

［6］Bellman J R. Platelet mechanism of erosion of ductile metals, Proceedings of International Conference on Wear of Materials［C］. ASME, 1981：564 - 576.

［7］Levy A V, Crook P. The erosion properties of alloys for the chemical processing industries［J］. Wear, 1991, 151（2）：337 - 350.

［8］Yabuki A. Near - wall hydrodynamic effects related to flow - induced localized Corrosion［J］. Materials and Corrosion, 2015, 60（7）：501 - 506.

［9］刘立本. 磨料射流对金属和脆性材料的冲蚀作用［J］. 淮南矿业学院学报, 1988, 2（2）：68 - 75.

［10］张永清, 陈登崖, 顾佩兰. 韧性材料冲蚀磨损的机理研究［J］. 上海交通大学学报, 1989, 23（3）：100 - 105.

［11］林福严, 邵荷生. 软磨料冲蚀磨损机理的研究［J］. 水利电力机械, 1990, 1（6）：17 - 21.

［12］林福严, 邵荷生. 低角度冲蚀磨损机理的研究［J］. 中国矿业大学学报, 1991, 20（3）：29 - 34.

［13］陈云贵. 奥氏体基体和马氏体基体高铬铸铁的冲蚀磨损特性［J］. 洛阳工学院学报, 1988, 3（3）：35 - 38.

［14］樊建人, 周大冬, 吴小华. 煤灰粒子冲击管子的碰撞和磨损研究［J］. 水利电力机械, 1989, 5（5）：24 - 29.

［15］陈关龙, 张永清, 沈建平. 高温冲蚀磨损试验装置特性研究［J］. 机械设计与研究, 1990, 2（2）：34 - 37.

［16］刘新宽, 方其先. 液固两相流冲刷腐蚀研究［J］. 华电技术, 1998, 5（5）：33 - 35.

［17］郑玉贵, 姚治铭, 柯伟. 流体力学因素对冲蚀的影响机制［J］. 冲蚀科学与防护技术, 2000, 12（1）：37 - 40.

［18］黄学宾, 陈宗林, 赵文轸. 气举油管材料冲蚀的因素研究［J］. 石油化工冲蚀与防护, 2007, 24（6）：14 - 29.

［19］冯耀荣, 袁鹏斌. 钻杆内螺纹接头磨损失效分析［J］. 石油矿场机械, 1990, 4（4）：23 - 25.

［20］郭大展, 王良建. 稳定化氧化锆陶瓷的冲蚀磨损和断裂的研究［J］. 盐酸盐通报, 1992, 6（6）：15 - 20.

［21］董海清, 于福州, 王健云. 湿法磷酸泵材冲蚀控制因素探讨［J］. 北京化工大学学报, 1996, 23（4）：59 - 63.

［22］柳秉毅, 程晓农. 韧性金属材料冲蚀磨损机理的研究［J］. 江苏工学院学报, 1992, 13（2）：41 - 46.

［23］石奇光, 孙家庆, 金维强. 飞灰冲蚀条件下材料抗磨性能的试验研究［J］. 上海机械学院学报, 1992, 14（4）：67 - 72.

［24］于福洲, 黎少华, 欧阳泪波. 快速评价合金耐冲蚀性能的再钝化动力学参数法［J］. 北京化工大学学报, 1996, 23（3）：88 - 92.

［25］王志武, 李友军, 李正刚. 凝汽器黄铜管冲蚀模拟试验装置及初步研究［J］. 武汉水利电力大学学报, 1999, 4（4）：85 - 88.

［26］阎永贵, 郑玉贵, 姚治铭. 突扩管条件下材料的冲蚀机理研究：I碳钢［J］. 中国冲蚀与防护学报, 2000, 20（5）：258 - 261.

［27］毛靖儒, 柳成文, 相晓伟. 弯管内二次流对固粒磨损壁面的影响［J］. 西安交通大学学报, 2004, 38（5）：746 - 747.

［28］张义, 周文, 孙志强. 管道内砂沉积冲刷磨损特性数值模拟［J］. 金属材料与冶金工程, 2011, 39（3）：11 - 15.

［29］李永祥. 气力输送弯管的磨损及磨损机理研究［J］. 河南工业大学学报（自然科学版）, 2005, 26（1）：68 - 70.

[30] 付林,高炳军. 油煤浆输送管道弯管部位流场的数值模拟与磨损预测[J]. 化工机械, 2009, 36 (5): 463－466.

[31] 韩方军,孙鑫,张原. T型三通管内部流场数值模拟与结构优化[J]. 新疆水利,2010,4 (4): 1－3.

[32] 黄勇,施哲雄,蒋晓东. CFD 在三通冲蚀磨损研究中的应用[J]. 化工装备技术,2005,26 (1): 65－67.

[33] 张政,程学文,郑玉贵. 突扩圆管内液固两相流冲蚀过程的数值模拟[J]. 冲蚀科学与防护技术,2001, 13 (1): 89－95.

[34] 任建新,张利军,熊亮. 基于 CFD 的固体颗粒对流量计振动管的磨损分析[J]. 传感技术学报,2011, 24 (8): 1208－1211.

[35] 徐姚. 液固两相流冲蚀数值模拟研究[D]. 北京:北京化工大学,2001.

[36] 茅俊杰. 气液两相流管道冲蚀的研究[D]. 济南:山东大学,2012.

[37] Ahlert K. Effects of particle impingement angle and surface wetting on solid particle erosion of AISI 1018 steel[D]. MS Thesis, University of Tulsa, USA, 1994.

[38] Vertitas D N. Erosive wear in piping systems[S]. Norway Recommended Practice RP, 2007.

[39] Haugen K, Kvernvold O, Ronold A, et al. Sand erosion of wear－resistant materials: Erosion in choke valves[J]. Wear, 1995, 187: 179－188.

[40] Neilson J H, Gilchrist A. Erosion by a stream of solid particles [J]. Wear, 1968, 11: 111－122.

[41] McLaury B S, Shirazi S A. An alternate method to API RP 14E for predicting solids erosion in multiphase flow[J]. Energy Resour. Technol, 2000, 122 (3): 115－122.

[42] Oka Y I, Okamura. Practical estimation of erosion damage caused by solid particle impact//Part 1: Effects of impact parameters on a predictive equation[J]. Wear, 2005, 259 (1): 95－101.

[43] Finnie I. Erosion of surfaces by solid particles[J]. Wear, 1960, 3: 87－103.

[44] Grant G, Tabakoff W. An experimental investigation of the erosion characteristics of 2024 Aluminum Alloy[J]. Department of Aerospace Engineering, University of Cincinnati, Cincinnati, Tech. Rep. 1973, 73－37.

[45] Tahrim Alam. Slurry erosion surface damage under normal impact for pipeline steels[J]. Engineering Failure Analysis, 2018, 90: 116－128.

[46] Zhiwu Han. Erosion resistance of bionic functional surfaces inspired from desert scorpions[J]. Langmuir, 2012, 28: 2914－2921.

[47] Jixin Zhang. Research on erosion wear of high－pressure pipes during hydraulic fracturing slurry flow[J]. Journal of Loss Prevention in the Process Industries, 2016, 43: 438－448.

[48] Jun Yao. Experimental investigation of erosion of stainless steel by liquid－solid flow jet Impingement[J]. Procedia Engineering, 2015, 102: 1084－1091.

[49] He Huang. Particle erosion resistance of bionic samples inspired from skin structure of desert lizard, laudakin stoliczkana[J]. Journal of Bionic Engineering, 2012, 9: 465－469.

[50] Zhiwu Han, Wei Yin. Erosion－resistant surfaces inspired by tamarisk[J]. Journal of Bionic Engineering, 2013, 10: 479－487.

[51] Akihiro Yabuki. The anti－slurry erosion properties of polyethylene for sewerage pipe use [J]. Wear, 2004, 240: 52－58.

[52] Haugen K, Kvernvold O, Ronold A, et al. Sand erosion of wear－resistant materials: Erosion in choke valves[J]. Wear, 1995, 186－187: 179－188.

[53] Minhua Wang. Computational fluid dynamics modelling and experimental study of erosion in slurry jet flows[J]. International Journal of Computational Fluid Dynamics, 2009, 23 (2): 155－172.

[54] Fan J R, Yao J, Cen K F. Antierosion in a 90° bend by particle impaction[J]. Aiche Journal, 2002, 48 (7): 1401 – 1412.

[55] Ronald E, Vieira. Experimental and computational study of erosion in elbows due to sand particles in air flow[J]. Powder Technology, 2016, 228: 339 – 353.

[56] Poursaeidi E. Experimental – numerical investigation for predicting erosion in the first stage of an axial compressor[J]. Powder Technology, 2017, 306: 80 – 87.

[57] Bourgoyne A T. Experimental study of erosion in diverter systems due to sand production[C]. SPE 1989, New Orleans, Louisiana: 18716.

[58] Jun Yao. An experimental investigation of a new method for protecting bends from erosion in gas – particle flows[J]. Wear, 2000, 240: 215 – 222.

[59] Wheeler D W. Erosion of hard surface coatings for use in offshore gate valves[J]. Wear, 2005, 258: 526 – 536.

[60] Xia Y F, Ming L. Anti – wear beam effects on gas – solid hydrodynamics in a circulating fluidized bed[J]. Particuology, 2015, 19: 173 – 184.

[61] Ronald E, Vieira. Ultrasonic measurements of sand particle erosion under upward multiphase annular flow conditions in a vertical – horizontal bend[J]. International Journal of Multiphase Flow, 2017, 93: 48 – 62.

[62] Zeng L. Erosion – corrosion of stainless steel at different locations of a 90° elbow[J]. Corrosion Science, 2016, 111: 72 – 83.

[63] Nguyen V B. Effect of particle size on erosion characteristics[J]. Wear, 2016, 348: 126 – 137.

[64] Liu J G. Effect of flow velocity on erosion – corrosion of 90 – degree horizontal elbow[J]. Wear, 2017, 366: 516 – 525.

[65] Wael H, Ahmed. Flow and mass transfer downstream of an orifice under flow accelerated corrosion conditions[J]. Nuclear Engineering and Design, 2012, 252: 52 – 67.

[66] Thiana Alexandra Sedrez. Experiments and CFD – based erosion modeling for gas – solids flow in cyclones[J]. Powder Technology, 2017, 311: 120 – 131.

[67] Ronald E, Vieira. Sand erosion measurements under multiphase annular flow conditions in a horizontal – horizontal elbow[J]. Powder Technology, 2017, 320: 625 – 636.

[68] Huang Z Q, Xie D, Huang X B, et al. Analytical and experimental research on erosion wear law of drill pipe in gas drilling[J]. Engineering Failure Analysis, 2017, 79: 615 – 624.

[69] Zhang P. Surface erosion behavior of an intrusive probe in pipe flow[J]. Journal of Natural Gas Science and Engineering, 2015, 26: 480 – 493.

[70] Liu H X. A new erosion experiment and numerical simulation of wellhead device in nitrogen drilling[J]. Journal of Natural Gas Science and Engineering, 2016, 28: 389 – 396.

[71] Xu Y Z. Visualizing the dynamic processes of flow accelerated corrosion and erosion corrosion using an electrochemically integrated electrode array[J]. Corrosion Science, 2018, 319: 438 – 443.

[72] Ben – Ami. Modeling the particles impingement angle to produce maximum erosion[J]. Powder Technology, 2016, 301: 1032 – 1043.

[73] Song X Q, Lin J Z. Research on reducing erosion by adding ribs on the wall in particulate two – phase flows[J]. Wear, 1993, 163: 1 – 7.

[74] Fan J R. Large eddy simulation of the anti – erosion characteristics of the ribbed – bend in gas – solid flows[J]. Institute for Thermal Power Engineering and CE & EE, 2004, 126 (3): 672 – 679.

［75］Zhu H J, Li S. Numerical analysis of mitigating elbow erosion with a rib［J］. Powder Technology, 2018, 330:445 – 460.

［76］Banakermani, Naderan. An investigation of erosion prediction for 15° to 90° Elbows by Numerical Simulation of Gas – solid Flow［J］. Powder Technology, 2018, 334:9 – 26.

［77］Peng W S, Cao X W. Numerical prediction of erosion distributions and solid particle trajectories in elbows for gas – solid flow［J］. Journal of Natural Gas Science and Engineering, 2016, 30:455 – 470.

［78］Zhang E B, Zeng D Z, Zhu H J. Numerical simulation for erosion effects of three – phase flow containing sulfur particles on elbows in high sour gas fields［J］. Petroleum, 2018, 4:158 – 167.

［79］Zeng D Z. Investigation of erosion behaviors of sulfur – particle – laden gas flow in an elbow via a CFD – DEM coupling method［J］. Powder Technology, 2018, 329:115 – 128.

［80］Pei J, Lui A H. Numerical investigation of the maximum erosion zone in elbows for liquid – particle flow［J］. Powder Technology, 2018, 333 (15):47 – 59.

［81］Zhang J. Modeling sand fines erosion in elbows mounted in series［J］. Wear, 2018, 403 (15):196 – 206.

［82］Lopez Alejandro, Nicholls William. CFD study of jet impingement test erosion using Ansys Fluent and Open-Foam［J］. Computer Physics Communications, 2015, 197:88 – 95.

［83］Howard Coker E. The erosion of horizontal sand slurry pipelines resulting from inter – particle collision［J］. Wear, 2018, 401 (15):74 – 81.

［84］Avi Uzi, Ami Y B, Levy A V. Erosion prediction of industrial conveying pipelines［J］. Powder Technology, 2017, 309:49 – 60.

［85］Liu H X, Zhou Z W, Liu M Y. A probability model of predicting the sand erosion profile in elbows for gas flow［J］. Wear, 2015, 342 (15):377 – 390.

［86］Mohammad Zamani, Sadegh Seddighi M, Nazif H R. Erosion of natural gas elbows due to rotating particles in turbulent gas – solid flow［J］. Journal of Natural Gas Science and Engineering, 2017, 40:91 – 113.

［87］Carlos Antonio Ribeiro Duarte, Francisco Joséde Souza. Innovative pipe wall design to mitigate elbow erosion:A CFD analysis［J］. Wear, 2017, 381 (15):176 – 190.

［88］Mazdak Parsi. Ultrasonic measurements of sand particle erosion in gas dominant multiphase churn flow in vertical pipes［J］. Wear, 2015, 328 – 329, 401 – 413.

［89］Peyman Zahedi. CFD simulation of multiphase flows and erosion predictions under annular flow and low liquid loading conditions［J］. Wear, 2017, 377:1260 – 1270.

［90］Fujisawa N. Experiments on liquid droplet impingement erosion on a rough surface［J］. Wear, 2018, 399:158 – 164.

［91］Liu B, Zhao J, Qian J. Numerical study of solid particle erosion in butterfly valve［J］. IOP Conference Series:Materials Science and Engineering, 2017, 220:012 – 018.

［92］Liu B, Zhao J G, Qian J H. Numerical analysis of cavitation erosion and particle erosion in butterfly valve［J］. Engineering Failure Analysis, 2017, 80:312 – 324.

［93］Wallace M S, Dempster W M. Prediction of impact erosion in valve geometries［J］. Wear, 2004, 256 (9):927 – 936.

［94］Hu G. Performance study of erosion resistance on throttle valve of managed pressure drilling［J］. Journal of Petroleum Science and Engineering, 2017, 156:29 – 40.

［95］Huang Y, Zhu L H. Erosion of plugged tees in exhaust pipes through variously – sized cuttings［J］. Applied Mathematical Modelling, 2016, 40:8708 – 8721.

[96] Pouraria H, Seo J K, Paik J K. Numerical study of erosion in critical components of subsea pipeline: tees vs bends[J]. Ships & Offshore Structures, 2017, 12 (2): 233 – 243.

[97] Gao W M. Numerical investigation of erosion of tube sheet and tubes of a shell and tube heat exchanger[J]. Computers & Chemical ring, 2017, 96 (4): 115 – 127.

[98] Bremhorst K, Brennan M. Investigation of shell and tube heat exchanger tube inlet wear by computational fluid dynamics[J]. Engineering Applications of Computational Fluid Mechanics, 2011, 5 (4): 566 – 578.

[99] Cai L X. Gas – particle flows and erosion characteristic of large capacity dry top gas pressure recovery turbine[J]. Energy, 2017, 120 (1): 498 – 506.

[100] Mehdi Azimian, Hans – Jörg Bart. Computational analysis of erosion in a radial inflow steam turbine[J]. Engineering Failure Analysis, 2016, 64: 26 – 43.

[101] Campos – Amezcua A, Mazur Z, Gallegos – Muoz A, et al. Numerical study of erosion due to solid particles in steam turbine blades[J]. Numerical Heat Transfer, Part A: Applications, 2007, 53 (6): 667 – 684.

[102] Krishna Khanal, Hari P. A methodology for designing Francis runner blade to find minimum sediment erosion using CFD[J]. Renewable Energy, 2016, 87 (1): 307 – 316.

[103] Nemitallah M A, Ben – Mansour R. Solid Particle Erosion Downstream of an Orifice[J]. Journal of Fluids Engineering Aiche Journal, 2014, 137 (2): 021302.

[104] Knight R G, Mcmahon J, Skeaff C M, et al. A Study on the cause analysis for the wall thinning and leakage in small bore piping downstream of orifice[J]. World Journal of Nuclear Science & Technology, 2014, 4 (1): 1 – 6.

[105] Subhash N Shaha, Samyak Jain. Coiled tubing erosion during hydraulic fracturing slurry flow[J]. Wear, 2008, 264 (4): 279 – 290.

[106] Farzin Darihaki, Ebrahim Hajidavalloo. Erosion prediction for slurry flow in choke geometry[J]. Wear, 2017, 373 (15): 42 – 53.

[107] Zheng C, Liu Y H. Experimental study on the erosion behavior of WC – based high – velocity oxygen – fuel spray coating[J]. Powder Technology, 2017, 318: 383 – 389.

[108] Graham L J W, Wu J. Laboratory modelling of erosion damage by vortices in slurry flow [J]. Hydrometallurgy, 2017, 170: 43 – 50.

[109] Habib M A, Badr H M. Erosion rate correlations of a pipe protruded in an abrupt pipe contraction[J]. International Journal of Impact Engineering, 2006, 34: 1350 – 1369.

[110] Hu C S, Luo K. Erosion and penetration rates of a pipe protruded in a sudden contraction[J]. Chemical Engineering Science, 2016, 153: 129 – 145.

[111] Zhu H J, Wang J, Chen X Y, et al. Numerical analysis of the effects of fluctuations of discharge capacity on transient flow field in gas well relief line[J]. Journal of Loss Prevention in the Process Industries, 2014, 31: 105 – 112.

[112] Lin N, Lan H Q, Xu Y G, et al. Effect of the gas – solid two – phase flow velocity on elbow erosion[J]. Journal of Natural Gas Science and Engineering, 2015, 26: 581 – 586.

[113] Farzad Parvaz, Seyyed Hossein. Numerical investigation of effects of inner cone on flow field, performance and erosion rate of cyclone separators[J]. Separation and Purification Technology, 2018, 201: 223 – 237.

[114] Xu P, Wu Z, et al. Innovative hydrocyclone inlet designs to reduce erosion – induced wear in mineral dewatering processes[J]. Drying Technology, 2009, 27 (2): 201 – 211.

[115] Gianandrea Vittorio Messa. A CFD – based method for slurry erosion prediction[J]. Wear, 2018, 399 (15): 127 – 145.

［116］ Huang S, Su X, Qiu G. Transient numerical simulation for solid – liquid flow in a centrifugal pump by DEM – CFD coupling［J］. Engineering Applications of Computational Fluid Mechanics, 2015, 9（1）: 411 – 418.

［117］ Lei X, Kun L. Multiscale investigation of tube erosion in fluidized bed based on CFD—DEM simulation［J］. Chemical Engineering Science, 2018, 183: 60 – 74.

［118］ Jin T, Luo K, Wu K, et al. Numerical investigation of erosion on a staggered tube bank by particle laden flows with immersed boundary method［J］. Applied Thermal Engineering, 2014, 62: 444 – 454.

［119］ Ferng Y H, Tseng Y S. An analysis of possible impacts of power uprate on the distributions of erosion – corrosion wear sites for a BWR through CFD simulation［J］. Nuclear Technology, 2017, 162（3）: 308 – 322.

［120］ Zhao Y Z, Ma H Q, Xu L, et al. An erosion model for the discrete element method［J］. Particuology, 2017, 34: 81 – 88.

第二章
流动冲蚀机理与数值分析研究方法

第一节　流动冲蚀机理

一、流动冲蚀理论概述

关于流动冲蚀磨损的研究起源于 20 世纪 40 年代。1960 年,国外学者 Finnie[1] 提出了第一个有关流动冲蚀机理——微切削理论,为能够完美地解释或预测材料流动冲蚀磨损的规律和各种影响因素,国内外研究学者们提出了一系列的流动冲蚀磨损模型,但遗憾的是到目前为止还没有任何一种流动冲蚀模型能够全面揭示各种材料的流动冲蚀磨损问题。以下对目前几种具有代表性的流动冲蚀模型理论做简单的介绍。

1. 微切削理论

1978 年,Finnie[2] 提出了基于刚性颗粒冲击塑性材料的微切削理论,该模型假设一颗多角形刚性颗粒以一定的冲击角度 α,撞击到塑性材料的表面,当颗粒经过材料表面时,会对材料进行切除从而产生磨损,与机械加工中切削刀具的作用类似。微切削理论是第一个较完整地定量表达流动冲蚀速率 e 与攻角关系的流动冲蚀模型理论。基于这种类似原理 Finnie 推导出了微切削流动冲蚀速率的定量表达式:

$$e = \begin{cases} K \dfrac{m_{\mathrm{p}} v_{\mathrm{p}}^2}{f_{\mathrm{p}}} (\sin2\alpha - 3\sin^2\alpha) & (\alpha \leqslant 18.5°) \\ K \dfrac{m_{\mathrm{p}} v_{\mathrm{p}}^2}{f_{\mathrm{p}}} \cdot \dfrac{\cos^2\alpha}{3} & (\alpha > 18.5°) \end{cases} \qquad (2-1)$$

式中　e——流动冲蚀速率;

　　　K——修正系数;

　　　m_{p}——流动冲蚀颗粒的质量;

　　　v_{p}——颗粒速度;

　　　α——颗粒的冲击角度;

　　　f_{p}——材料流动应力。

该模型能够很好地适用于在低冲击角下,塑性材料受刚性粒子流动冲蚀的情况,但在高冲击角度下,脆性材料的流动冲蚀偏差较大,尤其是当颗粒的冲击角度为 90° 时,其相对流动冲蚀速率为零,这与实际的流动冲蚀情况严重不符。

Budinskif[3]在 Finnie 研究的基础上,进一步将多角刚性颗粒的流动冲蚀磨损划分为四类:(1)点削,多角刚性颗粒正面冲击材料形成点状凹坑。(2)犁削,多角刚性颗粒划过材料形成沟槽,两侧产生材料堆积。(3)铲削,只在点状凹坑前端产生材料堆积。(4)切削,多角刚性颗粒像刀片一样,直接切除表面材料,且不产生任何堆积。

2. 变形磨损理论

1963 年 Bitter[4]认为流动冲蚀磨损应分为变形磨损和切削磨损两个部分,且指出在颗粒冲击角度为 90°时流动冲蚀磨损与颗粒冲击材料时的变形有关,流动冲蚀破坏主要来源是颗粒的冲击力作用,随着材料的塑性变形,材料表层逐渐出现破坏、剥落现象。

Bitter 从能量守恒观点出发,提出了切削磨损和变形磨损的表达式:

$$W_C = \begin{cases} W_{C_1} = \dfrac{2\,m_p C(v_p\sin\alpha - C_1)}{v_p\sin\alpha^{\frac{1}{2}}} \left[v_p\sin\alpha - \dfrac{C(v_p\sin\alpha - C_1)^2}{v_p\sin\alpha^{\frac{1}{2}}}\xi \right] & (\alpha \leqslant \alpha_0) \\[4mm] W_{C_2} = \dfrac{m_p C}{2R} \left[v_p{}^2\cos^2\alpha - C_2(v_p\sin\alpha - C_1)^{\frac{3}{2}} \right] & (\alpha > \alpha_0) \end{cases} \quad (2-2)$$

$$W_D = \frac{m_p(v_p\sin\alpha - C_1^2)}{2\varepsilon} \quad (2-3)$$

式中 W_C ——切削磨损导致的磨损量;

 W_D ——变形磨损导致的磨损量;

 ε ——常数,与变形有关;

 ξ ——常数,与切削作用有关;

 α_0 ——当 $W_{C_1} = W_{C_2}$ 时的流动冲蚀角度;

 C, C_1, C_2, R ——经验参数。

该模型对塑性材料在高角度冲蚀时进行了补充完善,并被实验所验证。但该模型不能解释脆性材料的流动冲蚀。

相比于 Finnie 的微切削理论,变形磨损理论在高流动冲蚀角的情况下,预测较为准确,且考虑了颗粒冲击材料时材料会产生塑性变形的影响,更加合理地诠释了塑性材料的流动冲蚀问题。1972 年 Sheldon 和 Kanhere[5]设计了一台单颗粒流动冲蚀磨损试验机,在对比了 SiC 颗粒、钢球和玻璃球对材料的流动冲蚀试验后,进一步观察到球形颗粒冲击材料时在点坑边缘出现的材料堆积现象,从而进一步验证了变形磨损理论。但是变形磨损理论公式中有很多的物理参数,需要依靠实验确定。

3. 锻造挤压理论

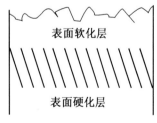

图 2 – 1 锻造挤压示意图

锻造挤压理论也称"挤压—薄片"剥落理论[6],Levy[7]利用单颗粒追踪法和分布冲刷实验研究了颗粒对塑性材料的流动冲蚀磨损动态过程(图 2 – 1),从而提出颗粒在对塑性材料表面不断地进行流动冲蚀挤压,使得材料表面产生变形,同时材料不断地将颗粒的冲击动能转化成热能,进而降低了材料表面的硬度。在表层下方的次表层是一个硬度较高的加工硬化区,进一步促使材料从表面层脱落下来。

4. 绝热剪切与局部化变形磨损理论

1979 年，Hutchings[8] 在高速摄像机的帮助下研究了直径 9.5mm 的钢球在 270m/s 的高速下冲击低碳钢时变形唇形成的过程。研究发现，在低碳钢表面的狭窄带状区域变形非常严重。同时他还指出，在颗粒的冲击下，材料会产生严重的塑性变形，材料表面温度将急剧升高。因此材料表面首先产生的是绝热变形过程，然后是变形的局部化使得材料沿着剪切方向形成绝热剪切带，最终形成变形唇，以磨屑的形式脱落。中国矿业大学的邵荷生、林福严等人对 20 号钢的流动冲蚀研究时，利用显微镜观测到了材料典型的局部化变形绝热剪切唇，如图 2-2 所示，从而进一步验证了 Hutchings 的绝热剪切与局部化变形磨损理论。

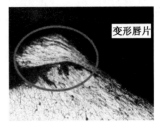

图 2-2 典型的局部化变形绝热剪切唇

5. 弹塑性压痕破裂理论

20 世纪 70 年代末，Evans 等人在对脆性材料的流动冲蚀磨损理论研究后，提出了弹塑性压痕破裂理论。他们认为压痕区域下形成了弹性变形区，在颗粒不断地冲击下，脆性材料表面中间裂纹的弹性区形成径向裂纹。同时，在最初的负荷超过中间裂纹的门槛值时，即使没有持续负荷，材料的残余应力也会导致横向裂纹的扩展。他们推导出材料体积流动冲蚀量 W_V 与入射颗粒直径 d_p、颗粒速度 v_p、材料密度 ρ、材料硬度 H_t 及材料临界应力强度因子 K_c 之间存在如下关系：

$$W_V \propto v_p^{3.2} d_p^{3.7} \rho^{1.58} K_c^{-1.3} H_t^{-0.26} \qquad (2-4)$$

此外，开始发生断裂的临界速度 v_c 可由下式确定：

$$v_c \propto K_c^2 H_t^{-1.5} \qquad (2-5)$$

实验研究表明，弹塑性压痕破裂理论适用于刚性颗粒对脆性材料的流动冲蚀行为，但是不适用于脆性颗粒或高温条件下的刚性颗粒对脆性材料的流动冲蚀情况。

6. 二次流动冲蚀理论

在流动冲蚀中脆性颗粒冲击靶面会发生破碎，这种碎裂后的粒子碎片将对靶面产生第二次流动冲蚀。Tilly[9] 利用高速摄像、筛分法和电子显微镜研究了流动冲蚀颗粒的碎裂对塑性靶材流动冲蚀的影响，指出流动冲蚀颗粒碎裂程度与其粒度、速度及入射角有关，流动冲蚀颗粒碎裂后可产生二次流动冲蚀。二次流动冲蚀理论把材料的流动冲蚀过程分为两个阶段：第一阶段，粒子直接入射造成材料的一次流动冲蚀；第二阶段，破碎颗粒造成材料的二次流动冲蚀。二次流动冲蚀理论较好地解释了高冲蚀角流动冲蚀颗粒对脆性材料的流动冲蚀问题。

上述六种流动冲蚀理论在一定条件下都很好地解释了材料流动冲蚀现象，但是材料的流动冲蚀磨损与材料的性质、流动冲蚀颗粒的成分以及实验条件有关，因此目前没有一种流动冲蚀理论模型适用于所有的流动冲蚀条件。例如，Finnie 的微切削理论适用于解释刚性粒子低入射角流动冲蚀时的切削情况；Bitter 的变形磨损理论着重于流动冲蚀过程中的挤压变形和力学破坏，且更适用于颗粒在高入射角下对材料的流动冲蚀情况；Levy 的锻造挤压理论侧重于高入射角的流动冲蚀成片历程,绝热剪切与局部化变形磨损理论则着重于流动冲蚀过程中的变形历程及能量变化;Evans 的弹塑性压痕破裂理论较成功地解释了刚性粒子在较低温度下对脆性材料的流动冲蚀行为,但是对于脆性颗粒或高温下的刚性颗粒则不适用;Tilly 提出的二次流动冲蚀理论能很好地解释高角度下颗粒对脆性材料的流动冲蚀情况。

二、影响材料流动冲蚀的磨损因素

已有的研究表明,材料的流动冲蚀磨损规律与环境因素、粒子属性、材料性能密切相关。其中以冲击角度、冲击速度、颗粒直径、颗粒形状、颗粒硬度、环境温度对特定材料的流动冲蚀特性影响最为显著,下面综述不同的因素对材料流动冲蚀的影响。

1. 冲击角度

冲击角度是指入射颗粒轨迹与靶材表面之间的夹角。冲击角度对材料的流动冲蚀磨损机理具有重要影响,且对塑性材料和脆化材料流动冲蚀特性的影响具有明显不同。对于塑性材料,当冲击角度小于某一临界值 α_c 时,流动冲蚀速率随着冲击角的增大而升高;当冲击角度大于 α_c 后,流动冲蚀速率随冲击角度的增大而逐渐降低。典型塑性材料的最大流动冲蚀角在 $20° \sim 30°$ 之间。而对于脆性材料,流动冲蚀速率随冲击角的增大而升高,在冲蚀角为 $90°$(即正向冲击)时达到最大值。其他材料的冲蚀速率峰值一般介于两者之间。

2. 冲击速度

材料的流动冲蚀磨损存在一个冲击速度的下限即门槛冲击速度,此值取决于粒子性能和材料性质。低于门槛冲击速度,粒子和靶材只发生弹性碰撞,不产生材料流失;高于此值之后,材料流动冲蚀速率随冲击速度的升高而增加。大量研究表明,流动冲蚀速率与颗粒冲击速度 v_p 存在如下指数关系:

$$e = C_3 v_p^n \qquad (2-6)$$

式中 C_3——常数系数;

n——速度指数,其值与材料的性能有关(对于塑性材料,速度指数 n 的值在 $2 \sim 3$ 之间,而对于脆性材料,n 的值能达到 $4 \sim 6$)。

材料的最大流动冲蚀角与粒子的冲击速度无关,这说明粒子的冲击速度对材料的流动冲蚀机理没有影响。

3. 颗粒直径

颗粒直径即粒度,是影响材料流动冲蚀磨损特性的重要因素。塑性材料流动冲蚀速率在一定范围内随粒度增大而上升,但当粒度达到某一临界值(d_c)时,流动冲蚀速率几乎不变,这种现象被称为"粒度效应"。d_c 的值随材料及流动冲蚀条件的不同而变化。应变率、变形区大小、表面晶粒尺寸及氧化层的影响均能解释一定条件下的"粒度效应"。Misra 和 Finnie 总结后给出一种相对较合理的解释:材料近表面处存在硬质薄层,小粒子只能对这一硬质层产生影响,当粒度大于 d_c 时,粒子可穿透硬质层,直接作用在材料基体上,硬质层的影响基本消失,从而表现出稳定、较高的流动冲蚀速率,但这种解释缺乏数据支持。而对于脆性材料,流动冲蚀速率随粒度增大不断上升,流动冲蚀速率与粒子尺寸呈指数关系,并不存在临界值 d_c。

4.颗粒形状

颗粒形状是影响材料流动冲蚀速率的重要因素。Liebhard 和 Levy[10] 的研究表明,不论是塑性材料还是脆性材料,尖锐粒子造成的流动冲蚀失重远大于球形粒子造成的失重。一般认为,这是由于尖锐粒子产生较多的切削或犁削造成的。

5.颗粒硬度

颗粒与材料表面硬度比 $\frac{H_p}{H_t}$ 对材料流动冲蚀磨损规律有重要影响。Tabor 指出当 $\frac{H_p}{H_t} > 1.2$ 时,塑性材料流动冲蚀速率随硬度比的增大而增大,并趋于稳定;当 $\frac{H_p}{H_t} < 1.2$ 时,流动冲蚀速率随硬度比的减小而降低。

6.环境温度

温度的改变引起材料热物理性能、力学性能等发生相应变化,从而影响材料流动冲蚀特性。温度对很多材料的最大流动冲蚀角、门槛冲击速度等都有很大影响,这说明温度不同导致材料的流动冲蚀机理有所不同。

塑性材料流动冲蚀速率随温度的变化规律是较为复杂的:(1)随着温度升高,流动冲蚀速率先降低后升高;(2)在一定温度范围内,流动冲蚀速率变化不大,超过临界温度后,流动冲蚀速率随温度升高迅速增大:(3)流动冲蚀速率随温度升高而持续增大。

对于脆性材料,其硬度及临界应力强度因子会随温度变化而改变,理论上流动冲蚀速率应该随之变化,但实验结果表明脆性材料的流动冲蚀速率几乎不随温度变化而改变,这说明弹塑性压痕破裂理论在解释高温下脆性材料的流动冲蚀磨损规律方面存在较大缺陷。

综上所述,可以看出固体颗粒流动冲蚀磨损过程的机理和影响规律是极为复杂的,对于特殊材料流动冲蚀规律和机理的研究,不是仅依靠单个流动冲蚀模型或评价材料性能、颗粒属性、环境因素等参数就能得到的。因此,在模拟实际流动冲蚀环境下对材料进行全面系统的流动冲蚀试验是研究材料流动冲蚀机理及规律最有效的方法。

第二节 流动冲蚀数值分析研究方法

一、流动控制方程

1.非定常流动控制方程

1)微分形式的控制方程

在牛顿流体的范畴内,流体的流动一般都可以用 Navier—Stokes 方程描述,即满足质量守恒、动量守恒和能量守恒定律,其微分守恒形式如下:

(1)连续方程:

$$\frac{\partial \rho}{\partial t} + \nabla \cdot (\rho v) = 0 \tag{2-7}$$

式中 v——流体流速，m/s；

ρ——流体密度，kg/m³。

（2）动量方程：

$$\frac{\partial(\rho v)}{\partial t} + \nabla \cdot (\rho v v) = \nabla \cdot (\ddot{\tau}) + \rho f \qquad (2-8)$$

式中 f——作用在单位质量流体微元体上的体积力，N；

$\ddot{\tau}$——黏性应力张量。

根据广义的牛顿定律，有

$$\ddot{\tau} = -p\ddot{I} + \ddot{\tau}$$

式中 $\ddot{I}$——单位张量；

p——压力，Pa。

在直角坐标系中，$\ddot{\tau}$ 的张量形式可以表示为：

$$\tau_{xx} = \lambda(\nabla \cdot v) + 2\mu\frac{\partial u}{\partial x}$$

$$\tau_{yy} = \lambda(\nabla \cdot v) + 2\mu\frac{\partial v}{\partial y}$$

$$\tau_{zz} = \lambda(\nabla \cdot v) + 2\mu\frac{\partial w}{\partial z}$$

$$\tau_{xy} = \tau_{yx} = \mu(\frac{\partial u}{\partial y} + \frac{\partial v}{\partial x})$$

$$\tau_{xz} = \tau_{zx} = \mu(\frac{\partial u}{\partial z} + \frac{\partial w}{\partial x})$$

$$\tau_{yz} = \tau_{zy} = \mu(\frac{\partial v}{\partial z} + \frac{\partial w}{\partial y}) \qquad (2-9)$$

其中

$$\lambda = -\frac{2}{3}\mu$$

式中 u, v, w——速度在直角坐标系 x、y、z 方向的分量；

μ——黏性系数，Pa·s。

（3）能量方程：

$$\frac{\partial(\rho E_{\mathrm{T}})}{\partial t} + \nabla \cdot (\rho E_{\mathrm{T}} v) = \nabla \cdot (\ddot{\tau} \cdot v) - \nabla \cdot q + \rho f \cdot v \qquad (2-10)$$

其中

$$\rho E_{\mathrm{T}} = \rho e_{\mathrm{g}} + \frac{\rho}{2}v^2$$

式中 E_{T}——气体总能，J；

e_{g}——气体内能，J。

根据傅里叶导热定律，有

$$q = \kappa_{\mathrm{T}}\nabla T \qquad (2-11)$$

式中 q——热通量，W/m²；

κ_{T}——热传导系数，J/(m·s·K)；

T——气体的温度,K。

为了使式(2-7)、式(2-8)和式(2-10)封闭,需要补充流体的状态方程。对于完全气体,有

$$p = \rho R_g T \qquad (2-12)$$

$$\rho e = \frac{p}{\gamma - 1} \qquad (2-13)$$

式中 R_g——气体常数,J/(kg·K)。

2)积分形式的控制方程

将式(2-7)、式(2-8)和式(2-10)在流场中的任意控制体 V 上积分,然后应用高斯公式将对流项和黏性项转化为面积分,可以得到积分形式的 Navier—Stokes 方程:

(1)连续方程:

$$\iiint_V \frac{\partial \rho}{\partial t} dV + \oiint_S \rho v \cdot n dS = 0 \qquad (2-14)$$

(2)动量方程:

$$\iiint_V \frac{\partial (\rho v)}{\partial t} dV + \oiint_S \rho vv \cdot n dS = \oiint_S \ddot{\tau} \cdot n dS + \iiint_V \rho f dV \qquad (2-15)$$

(3)能量方程:

$$\iiint_V \frac{\partial (\rho E)}{\partial t} dV + \oiint_S \rho Ev \cdot n dS = \oiint_S (\ddot{\tau} \cdot v - q) \cdot n dS + \iiint_V \rho f \cdot v dV \qquad (2-16)$$

式(2-14)、式(2-15)和式(2-16)不仅适用于静止的控制体单元,也适用于任意运动的控制体单元。然而,为了方便有限体积法离散,应用雷诺输运定理(Reynolds Transport Theorem,任一瞬时,质量体内的物理量的随体导数等于瞬间形状、体积相同的控制体内物理量的局部导数与通过该控制体表面的输运量之和),得到其表达式:

$$\frac{D}{Dt} \iiint_V \rho dV = \iiint_V \frac{\partial \rho}{\partial t} dV + \oiint_S \rho V_b \cdot n dS = 0$$

$$\frac{D}{Dt} \iiint_V \rho v dV = \iiint_V \frac{\partial (\rho v)}{\partial t} dV + \oiint_S \rho v V_b \cdot n dS = 0 \qquad (2-17)$$

$$\frac{D}{Dt} \iiint_V \rho E dV = \iiint_V \frac{\partial (\rho E)}{\partial t} dV + \oiint_S \rho E V_b \cdot n dS = 0$$

式中 V_b——控制体边界的运动速度,对于静止的控制体单元,V_b 的值为零。

将式(2-17)代入式(2-14)、式(2-15)和式(2-16)中可以得到含全导数的流动控制方程:

(1)连续方程:

$$\frac{D}{Dt} \iiint_V \rho dV + \oiint_S \rho (v - V_b) \cdot n dS = 0 \qquad (2-18)$$

(2)动量方程:

$$\frac{D}{Dt} \iiint_V \rho v dV + \oiint_S \rho v (v - V_b) \cdot n dS = \oiint_S \ddot{\tau} \cdot n dS + \iiint_V \rho f \cdot dV \qquad (2-19)$$

(3)能量方程:

$$\frac{D}{Dt}\iiint_V \rho E dV + \oiint_S \rho E(v - V_\text{b}) \cdot n dS = \oiint_S (\ddot{\tau} \cdot v - q) \cdot n dS f \iiint_V \rho f \cdot v dV \qquad (2-20)$$

综上所述,式(2-18)至式(2-20)为惯性坐标下任意控制体的 Navier-Stokes 积分形式方程,该方程不仅适用于静止网格系统,同样适用于运动网格系统。

2. 定常流动控制方程

针对一些特定的工况,流体流动可视为定常流,这样能够在满足工程精度的前提下答复提高计算效率。通过对非定常流动方程的简化,可以得到其定常流动的控制方程如下:

(1)连续方程:

$$\oiint_S \rho(v - V_\text{b}) \cdot n dS = 0 \qquad (2-21)$$

(2)动量方程:

$$\oiint_S \rho v(v - V_\text{b}) \cdot n dS = \oiint_S \ddot{\tau} \cdot n dS + \iiint_V \rho f dV \qquad (2-22)$$

(3)能量方程:

$$\oiint_S \rho E(v - V_\text{b}) \cdot n dS = \oiint_S (\ddot{\tau} \cdot v - q) \cdot n dS + \iiint_V \rho f \cdot v dV \qquad (2-23)$$

二、离散相方程

离散相模型(Discrete Phase Model,DPM)由 Crowe 和 Smoot[11] 提出,即将气相或液相等流体作为连续相,而把气泡、液滴或砂粒等介质视作离散相处理。其中,在欧拉坐标系下求解连续相的雷诺时均守恒方程组来模拟流体流场,在拉格朗日坐标系下采用随机轨道模型来获得离散相颗粒的运动轨迹,离散相与连续相间通过实时进行质量、动量和能量交换实现双向耦合求解。离散相模型在应用中忽略颗粒之间的相互作用以及离散相颗粒的体积对连续相的影响,因此,应用离散相模型的前提是离散相的体积分数要小于 $10\% \sim 12\%$。

1. 颗粒运动方程

DPM 模型通过积分拉格朗日参考系下离散相颗粒的运动方程计算其运动轨迹。由离散相颗粒的受力情况,得出其运动方程为(以直角坐标系内 x 方向为例)

$$\frac{\mathrm{d}v_\text{p}}{\mathrm{d}t} = f_\text{D}(v - v_\text{p}) + \frac{g_x(\rho_\text{p} - \rho)}{\rho_\text{p}} + f_x \qquad (2-24)$$

式中 f_x——附加加速度项(单位质量颗粒的力);

    $\dfrac{g_x(\rho_\text{p} - \rho)}{\rho_\text{p}}$——单位质量颗粒受到的重力与浮力的合力;

    $f_\text{D}(v - v_\text{p})$——单位质量颗粒受到的阻力。

2. 颗粒受力分析

砂粒作为离散相介质在连续相流体中运动时会受到各种力的共同作用,这些力所起的作用不同决定了其重要度不同,因而对其处理的方法也不同。除重力、浮力以及阻力外,运动方程中的附加项 f_x 还包括下列很多种力。

1）阻力

气固两相流中，离散相颗粒的阻力与颗粒的雷诺数、颗粒特性、流体的流动状态以及流体介质的可压缩性等有关，阻力定义为

$$F_r = \frac{\pi d_p^2}{4} C_D \frac{1}{2} \rho |v - v_p|(v - v_p) \tag{2-25}$$

阻力系数 C_D 的表达式为

$$C_D = \frac{F_r}{\frac{\pi d_p^2}{4} \frac{1}{2} \rho (v - v_p)^2} \tag{2-26}$$

颗粒运动方程中的 $f_D(v - v_p)$ 为单位质量颗粒受到的阻力，且

$$f_D = \frac{18\mu}{\rho_p d_p^2} \frac{C_D Re_p}{24} \tag{2-27}$$

$$Re_p = \frac{\rho d_p |\mu - \mu_p|}{\mu} \tag{2-28}$$

式中 Re_p ——颗粒相对雷诺数；

μ ——连续相黏性系数。

对于球形颗粒，阻力系数 C_D 为

$$C_D = a_1 + \frac{a_2}{Re_p} + \frac{a_3}{Re_p^2} \tag{2-29}$$

式中 a_1, a_2, a_3 ——对于光滑球形颗粒，在一定的 Re_p 范围内为常数，Morsi 和 Alexander[12] 在其文献中给出了具体取值。

对于非球形颗粒，阻力系数 C_D 可参考 Haider 和 Levenspiel[13]定义的公式：

$$C_D = \frac{24}{Re_{sph}}(1 + b_1 Re_{sph}^{b_2}) + \frac{b_3 Re_{sph}}{b_4 + Re_{sph}} \tag{2-30}$$

其中 $b_1 = \exp(2.3288 - 6.4581\phi + 2.4486 \phi^2)$

$$b_2 = 0.0964 + 0.5565\phi$$

$$b_3 = \exp(4.905 - 13.8944\phi + 18.4222 \phi^2 - 10.2599 \phi^3)$$

$$b_4 = \exp(1.4681 + 12.2584\phi - 20.7322 \phi^2 + 15.8855 \phi^3)$$

$$\phi = \frac{s}{S} \tag{2-31}$$

式中 ϕ ——形状系数；

s ——与颗粒等体积的球体的表面积；

S ——颗粒的实际表面积。

雷诺数 Re_{sph} 按等体积球体直径计算。

2）压力梯度力

流场存在压力梯度的情况下，单个颗粒受到的压力梯度为

$$F_p = -V_p \frac{\partial p}{\partial x} \tag{2-32}$$

式中　V_p——颗粒的体积,负号则代表该力方向与压力梯度的方向相反。

在实际的气固两相流中,压力梯度力同惯性力相比数量级很小,因而可以忽略不计。

3)附加质量力

离散相颗粒相对于连续相介质作加速运动时,颗粒速度增大的同时也将增加其周围部分流体的速度,两者的动能都得到增加。由于带动颗粒周围部分流体产生加速所需的那部分力就好比颗粒外层增加了一层附加质量。

单个颗粒的附加质量力为

$$F_{vm} = \frac{1}{2} \rho V_p \left(\frac{dv}{dt} - \frac{dv_p}{dt} \right) \tag{2-33}$$

单位质量颗粒的附加质量力为

$$f_{vm} = \frac{1}{2} \frac{\rho}{\rho_p} \frac{d}{dt} (v - v_p) \tag{2-34}$$

由式(2-34)可知,附加质量力数值上等于与颗粒同体积的流体质量附在颗粒上作加速运动时的惯性力的一半。当 $\rho \ll \rho_p$ 时,附加质量力和颗粒惯性力之比很小。特别是当相对运动加速度不大时,附加质量力可不予考虑。

4)Basset 力

Basset 力与流型有关,它是一个瞬时流动阻力,其表达式为

$$F_B = \frac{3}{2} d_p^2 \sqrt{\pi \rho \mu} \int_{-\infty}^{l} \frac{\frac{dv}{d\tau} - \frac{dv_p}{d\tau}}{\sqrt{t - \tau}} d\tau \tag{2-35}$$

该力只发生在黏性流体中,并且与流动的不稳定性有关。当 $\rho \ll \rho_p$ 时,Basset 力和颗粒惯性力之比是很小的,可以忽略不计。

5)Magnus 升力

Magnus 升力是在低雷诺数情况下,颗粒发生旋转运动而产生的力,其表达式为 $F_l = \rho u \Gamma$,其中 Γ 为沿颗粒表面的速度环量,Magnus 升力与重力有相同的数量级。

6)Saffman 升力

流场中存在速度梯度时,颗粒速度较大的区域对应的压力相对较小,反之,则较大,由于该对应关系的存在,就产生了 Saffman 升力。当 $Re_p < 1$ 时,该力的表达式为

$$F_s = 1.61 (\mu \rho)^{\frac{1}{2}} d_p^2 (v - v_p) \left| \frac{dv}{dy} \right|^{\frac{1}{2}} \tag{2-36}$$

在流体主流区,速度梯度一般很小,此时可忽略 Saffman 升力,只有在边界层中,Saffman 升力的作用才变得明显。

ANSYS Fluent 采用的 Saffman 升力表示为

$$f_s = \frac{2K v^{1/2} \rho d_{pij}}{\rho_p d_p (d_{lk} d_{kl})^{1/4}} (v - v_p) \tag{2-37}$$

由于气固两相流中砂粒的密度远大于气体的密度,浮力可以忽略;砂粒在有压力梯度的流场中运动时,会受到由于压力梯度而引起的作用力,但其同惯性力相比数量级很小,因而可以

忽略;砂粒密度远远大于气体密度,附加质量力与砂粒惯性力之比很小,尤其是当相对加速度不大时,附加质量力可不予考虑;Basset 力只发生在黏性流体中,并且是与流动的不稳定性有关的,当 $\rho \ll \rho_p$ 时,Basset 力和颗粒惯性力之比很小,可以忽略;在低雷诺数情况下,颗粒发生旋转运动而受到 Magnus 力,而在高雷诺数条件下,可以不考虑该力的影响;Saffman 力的大小和速度梯度相关,在流动的主流区,速度梯度变化很小,可忽略其影响,只有在速度边界层中,Saffman 升力的作用才变得很明显;此外,还包括热泳力、声泳力、静电力和布朗力等,在湍流流动中,湍流扩散作用是主要的,布朗力对颗粒的扩散作用可以忽略。

以上分析的各种力中阻力最重要,不能被忽略,很多学者在进行计算时其实只考虑了相间的阻力。

3. 离散相边界条件的设置

离散相颗粒在流体区域采用颗粒运动方程进行计算,而在入口、出口以及壁面等边界处颗粒的处理则需要进行单独设置,在 ANSYS Fluent 中使用离散相边界条件来确定颗粒轨迹在边界处应该满足的条件。主要包括三种形式,分别为 Escape(逃逸)、Trap(捕获)和 Reflect(反弹)。在模拟计算时,可以对每个流域分别定义其离散相边界条件。

1) Escape(逃逸)边界条件

颗粒被定义为"Escape"则表示粒子将穿过该边界而逃逸,入口和出口的 DPM 边界条件需设置为"Escape"。

2) Reflect(反弹)边界条件

在壁面(wall)处应设置边界为"Reflect",颗粒在此处反弹而发生动量变化,如图 2-3 所示,变化量由反弹系数确定,分为法向反弹系数 e_n 和切向反弹系数 e_t。定义如下:

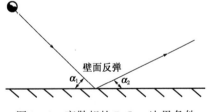

$$e_n = \frac{v_{2,n}}{v_{1,n}} \tag{2-38}$$

$$e_t = \frac{v_{2,t}}{v_{1,t}} \tag{2-39}$$

式中　v_n——法向速度分量;

　　　v_t——切向速度分量;

下标 1 和 2——碰撞前和碰撞后。

图 2-3　离散相的 Reflect 边界条件

e_n 和 e_t 的默认值为 1,即发生理想弹性碰撞。总结实验数据可以得到不同材料的法向反弹系数 e_n 和切向反弹系数 e_t。

对于碳钢材料,e_n 和 e_t 的值分别为式(2-40)和式(2-41):

$$e_n = 0.993 - 0.0307\alpha + 0.000475\,\alpha^2 - 0.00000261\,\alpha^3 \tag{2-40}$$

$$e_t = 0.998 - 0.029\alpha + 0.000643\,\alpha^2 - 0.00000356\,\alpha^3 \tag{2-41}$$

对于不锈钢材料,e_n 和 e_t 的值分别为式(2-42)和式(2-43):

$$e_n = 1 - 1.19738\alpha + 0.51442\,\alpha^2 + 0.27733\,\alpha^3 \tag{2-42}$$

$$e_t = 1 + 0.15987\alpha - 2.14461\,\alpha^2 + 1.74705\,\alpha^3 \tag{2-43}$$

三、流动冲蚀模型

至今,学者们已提出了大量的冲蚀方程或模型。1995 年 Meng 和 Ludema[14]查阅了大量文献,总结了 28 种冲蚀方程或模型,其中涉及影响冲蚀的变量有 100 多个,并且各变量的应用没有固定形式。他们认为没有一个单一的冲蚀方程或模型能够正确地适用于实际结构。显然,每一个模型都不可能考虑所有影响颗粒冲蚀的因素。然而,为了预测工业应用中的冲蚀破坏情况,这些冲蚀方程或模型仍是预测流动冲蚀的重要部分。虽然在基于 CFD 的冲蚀模型中,冲蚀机理不能被直接模拟,仍需要冲蚀方程来计算每一个颗粒碰撞而造成的磨损,但是在某些条件下,如果冲蚀方程的应用条件考虑较周全,可以得到一定精度的合理解,下面介绍几个应用比较广泛的、有代表性的冲蚀方程或模型。

19 世纪 60 年代,Finnie[1]提出了一个最早的冲蚀模型。该模型基于切削磨损或微切削的假设,具体方程如下:

$$W_V = \frac{c \, M_p \, v^2}{4p(1 + m_p \, \bar{d}_p^2/I)} \left[\cos^2\alpha - \left(\frac{v_{px}}{v} \right)^2 \right] \tag{2-44}$$

式中　　W_V——材料体积流动冲蚀量;

　　　　c——颗粒理想切削方式系数;

　　　　M_p——流动冲蚀颗粒的总质量;

　　　　v——颗粒的入射速度;

　　　　p——颗粒冲击产生的压强;

　　　　m_p——流动冲蚀颗粒的质量;

　　　　I——绕颗粒重心旋转的转动惯量;

　　　　α——碰撞角度;

　　　　$\bar{d}_p$——颗粒的平均半径;

　　　　v_{px}——颗粒切削终止时颗粒的水平速度。

同时该模型也有几个不足之处,它低估了大角度碰撞时材料的损耗,高估了小角度碰撞时材料的损耗。另外,颗粒碰撞速度的指数预测时设定为 2,这与很多实验数据是不符的。Finnie 也提出了几个原因来解释大角度碰撞时低估材料损失的问题,包括壁面粗糙度的影响、空气动力学的影响、颗粒的旋转、颗粒的破碎和壁面的工作硬度等。

除了微切削机理外,Bitter[4]在 1963 年提出了流动冲蚀的变形磨损理论。变形磨损被定义为由于颗粒不断地碰撞使目标壁面发生重复变形并产生破裂。其出发点是流动冲蚀过程中能量的平衡。微切削磨损和变形磨损经常同时发生,材料的损失也是这两种磨损共同作用产生的。

变形磨损:

$$W_D = \frac{1}{2} \frac{M_p(v_p\sin\alpha - k)}{\varepsilon} \tag{2-45}$$

切削磨损:

$$\begin{cases} W_{\mathrm{C}} = W_{\mathrm{C}_1} = \dfrac{2M_{\mathrm{p}}C\,(v_{\mathrm{p}}\sin\alpha - k)^2}{\sqrt{v_{\mathrm{p}}\sin\alpha}}\left[v_{\mathrm{p}}\cos\alpha - \dfrac{C\,(v_{\mathrm{p}}\sin\alpha - k)^2}{\sqrt{v_{\mathrm{p}}\sin\alpha}}\right]Q & (\alpha < \alpha_0) \\[4mm] W_{\mathrm{C}} = W_{\mathrm{C}_2} = \dfrac{\frac{1}{2}M_{\mathrm{p}}\left[v_{\mathrm{p}}^2\cos^2\alpha - k\,(v_{\mathrm{p}}\sin\alpha - k)^{3/2}\right]}{\xi} & (\alpha \geqslant \alpha_0) \end{cases}$$

$$(2-46)$$

式中　W——流动冲蚀磨损总量,第一部分是微切削磨损,第二部分是变形磨损;

　　　M_{p}——颗粒的总质量,kg;

　　　α_0——颗粒离开物体时水平速度恰好为零时的冲击角度;

　　　k——常数;

　　　C——常数;

　　　ε——变形磨损因子,其值由实验确定;

　　　ξ——切削磨损因子,其值由实验确定。

尽管这个模型的预测值与实验室一致性较好,但复杂的形式限制了它的应用。

为了寻求更简洁的方法,Neilson 和 Gilchrist 用气固两相流作了一系列的实验。在实验结果和 Finnie、Bitter 工作的基础上提出了一种冲蚀模型:

$$\begin{cases} W = \dfrac{\frac{1}{2}M_{\mathrm{p}}(v_{\mathrm{p}}^2\cos^2\alpha - v_{\mathrm{px}}^2)}{\xi} + \dfrac{\frac{1}{2}M\,(v_{\mathrm{p}}\sin\alpha - v_y)^2}{\varepsilon} & (\alpha < \alpha_0) \\[4mm] W = \dfrac{\frac{1}{2}M_{\mathrm{p}}v_{\mathrm{p}}^2\cos^2\alpha}{\xi} + \dfrac{\frac{1}{2}M\,(v_{\mathrm{p}}\sin\alpha - v_y)^2}{\varepsilon} & (\alpha \geqslant \alpha_0) \end{cases}$$

$$(2-47)$$

式中　v_y——垂直于壁面的速度分量。

前面两种理论假定颗粒不发生破碎,这与实际工况有一定的区别。Tilly[9] 用电子显微技术、高速摄像技术和筛分方法研究了颗粒破裂对塑性材料流动冲蚀的影响,提出了颗粒破碎造成第二次流动冲蚀的理论。他认为只有当颗粒足够大、速度足够高时,冲击中颗粒破裂才会导致第二次流动冲蚀,并且正比于颗粒的动能和破裂程度。在冲蚀的初始阶段,颗粒碰撞使材料表面产生塑性变形,产生唇状突起,如果碰撞强度大有可能直接造成材料的损失。同时在二次磨损过程中,破裂的颗粒继续冲刷壁面产生更为严重的破坏。总的材料损失认为是两个阶段之和。

$$\begin{cases} e_1 = \hat{e}_1\left(\dfrac{v_{\mathrm{p}}}{v_{\mathrm{r}}}\right)^2\left[1 - \left(\dfrac{d_0}{d_{\mathrm{p}}}\right)^{3/2}\dfrac{v_0}{v_{\mathrm{p}}}\right]^2 \\[4mm] e_2 = \hat{e}_2\left(\dfrac{v_{\mathrm{p}}}{v_{\mathrm{r}}}\right)^2 F_{\mathrm{d,v}} \end{cases}$$

$$(2-48)$$

式中　e_1,e_2——流动冲蚀磨损值;

　　　$\hat{e}_1$——第一次流动冲蚀磨损的最大值;

　　　$\hat{e}_2$——第二次流动冲蚀磨损的最大值;

　　　v_{r}——相对速度,m/s;

v_0——起始碰撞速度,m/s,低于此速度碰撞为完全弹性碰撞,不发生磨损;

d_p——颗粒的粒径,μm;

d_0——产生磨损的最小颗粒粒径,μm;

$F_{d,v}$——一定条件下颗粒破裂程度。

Tilly 模型计算结果与实验数据吻合较好,能很好地解释在实验中观察到的随颗粒粒径的减小,冲蚀程度逐渐降低的现象。

Tabakoff 等人在测量用煤灰撞击金属壁面造成冲蚀的基础上,提出了包括颗粒碰撞速度和角度在内的多参数的冲蚀经验方程,流动冲蚀速率定义为壁面材料损失的质量与碰撞颗粒的质量之比,具体方程如下:

$$e = K_1 \left\{ 1 + C_K \left[K_2 \sin\left(\frac{90}{\alpha_{max}}\alpha\right) \right] \right\}^2 v_p^2 \cos^2(1 - R_1^2) + K_3(v_p\sin\alpha)^4 \qquad (2-49)$$

其中

$$R_1 = 1 - 0.0016 v_p \sin\alpha_1$$

式中 α_{max}——发生最大磨损时的碰撞角度,约为20°;

C_K——常数,当 $\alpha_1 \leq 3\alpha_{max}$ 时,$C_K = 1$,当 $\alpha_1 > 3\alpha_{max}$ 时,$C_K = 0$;

K_1——由壁面材料决定的常数,$K_1 = 1.505 \times 10^{-6}$;

K_2——由壁面材料决定的常数,$K_2 = 0.296$;

K_3——由壁面材料决定的常数,$K_3 = 5.0 \times 10^{-12}$。

许多研究者都致力于从实验数据中发掘新的冲蚀方程,针对碳钢和铝提出了一个冲蚀方程。该方程包括碰撞速度和碰撞角度、材料的布尔硬度以及颗粒形状的影响。方程的一般形式为

$$e = AF_s v_p^n f(\alpha) \qquad (2-50)$$

其中

$$A = 1559HB^{-0.59} \times 10^{-9}$$

$$f(\alpha) = \begin{cases} a\alpha^2 + b\alpha & (\alpha < \theta_0) \\ x\cos^2\alpha\sin(w\alpha) + y\sin^2\alpha + z & (\alpha \geq \theta_0) \end{cases} \qquad (2-51)$$

式中 A——壁面材料常数;

HB——材料的布尔硬度;

F_s——颗粒形状系数,对于尖角颗粒值为1.0,半圆形颗粒为0.53,圆形颗粒为0.2;

n——经验常数,其值为1.73;

$f(\alpha)$——碰撞角度的函数;

$\theta_0, a, b, w, x, y, z$——取决于目标材料的经验常数,表2-1列出了碳钢和铝相关的一些常数。

表 2-1 磨损模型的经验常数

经验常数	碳钢(湿表面)	碳钢(干表面)	铝
A	$9.25 \times 10^{-8}(HB=120)$	$9.25 \times 10^{-8}(HB=120)$	2.388×10^{-7}
θ_0	15°	15°	10°
a	-38.4	-33.4	-34.79

经验常数	碳钢(湿表面)	碳钢(干表面)	铝
b	22.7	17.9	12.3
w	1	1	5.205
x	3.147	1.239	0.147
y	0.3609	-1.192	-0.745
z	2.532	2.167	1
n	1.73	1.73	1.73

Zhang 在数值模拟中,采用 E/CRC 的基本方程式(2-50)计算了颗粒对铬镍铁合金的流动冲蚀,为了与现有的实验数据进行比较,计算过程中的碰撞角函数 $f(\alpha)$ 采用 Russel 实验中的数据,具体如下所示:

$$f(\alpha) = 1.4234\alpha - 6.3283\,\alpha^4 + 10.9327\,\alpha^3 - 10.1068\,\alpha^2 + 5.3983\alpha \qquad (2-52)$$

后来在研究颗粒磨损的过程中,Zhang 等人发现方程(2-50)中速度指数 1.73 并不是最佳值,尽管在一定条件下 1.73 能得到较好的结果,但某些情况下计算得到的磨损值较实际高出几倍,因此他们建议将速度指数修改为 2.41。

近年来,Oka[15-16]等人提出了一个冲蚀预测模型。该模型是以大量的磨损实验和几个重要因素为基础的,包括颗粒的碰撞速度、碰撞角度、目标材料的硬度、颗粒粒径和几种颗粒类型,具体方程如式(2-53)所示:

$$e = g(\alpha)e_{90} \qquad (2-53)$$

其中

$$g(\alpha) = (\sin\alpha)^{n_1}[1 + Hv(1 - \sin\alpha)]^{n_2}$$

$$e_{90} = k(aHv)^{k_1 b}\left(\frac{v_p}{v'}\right)^{k_2}\left(\frac{d_p}{d'}\right)^{k_3}$$

式中　e_{90}——垂直碰撞时的磨损破坏程度;

Hv——维氏硬度;

v'——颗粒的参考速度;

d'——颗粒的参考粒径。

在这个模型中使用了几个经验参数,n_1 和 n_2 的值由材料的硬度和其他碰撞条件决定。k,k_1 和 k_3 是任意单位的常数,由颗粒的特性决定。指数 k_2 由材料的硬度和特性共同决定。对于 SiO_2 颗粒来说随材料硬度从 $100 \sim 750HB$ 变化,k_2 的值在 $2.31 \sim 2.49$ 之间变化。

对上述冲蚀模型的颗粒参数、经验常数、反弹函数等进行设置,如图 2-4 所示。

在利用 Fluent 模拟流动冲蚀时,计算主要分为三个部分:

(1)流场计算:定义主相流体的物性与边界条件,求解 NS 方程,得到主相流场分布。在高雷诺数时,需要补充湍流模型使 RANS 方程封闭。

(2)颗粒跟踪计算:在得到主相流场后采用拉格朗日方法计算颗粒的轨迹。颗粒射入主相流场后,可以与主相流体耦合计算,动态更新流场信息与颗粒受力,称为双向耦合。

(3)流动冲蚀计算:颗粒跟踪模型提供了颗粒碰撞壁面信息。通过壁面反弹函数和冲蚀模型即可计算。

Fluent 流动冲蚀模拟的主要流程如图 2-5 所示。

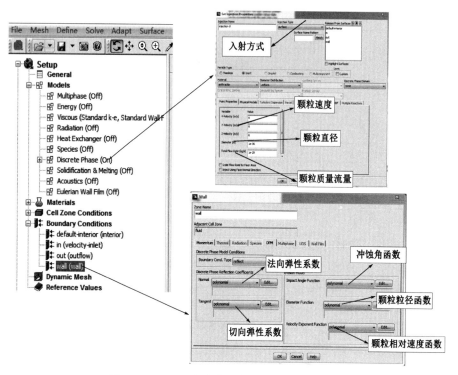

图 2-4 Fluent 流动冲蚀模型相关参数的设置

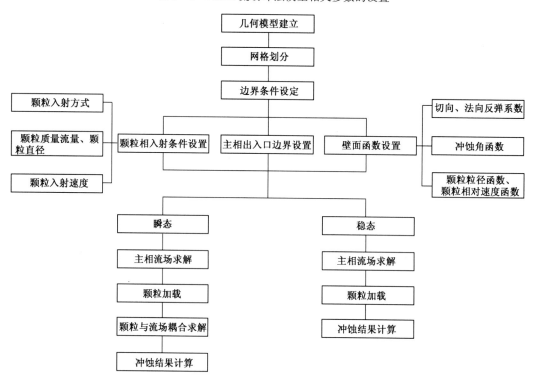

图 2-5 Fluent 流动冲蚀求解流程

参 考 文 献

[1] Finnie I. Erosion of surfaces by solid particles[J]. Wear, 1960, 3(2): 87-103.

[2] Finnie I. On the velocity dependence of the erosion of ductile metals by solid particles at low angles of incidence [J]. Wear, 1978, 48: 181-190.

[3] Budinskif K G. Incipient galling of metals[J]. Wear, 1981, 74(1): 93-105.

[4] Bitter J G. A study of erosion phenomena[J]. Wear, 1963, (6): 5-21.

[5] Sheldon G L, Kanhere. An investigation of impingement erosion using single particles[J]. Wear, 1972, 21(1): 195-208.

[6] 邵荷生,曲敬信. 摩擦与磨损[M]. 北京: 煤炭工业出版社,1992.

[7] Levy A V. The erosion of structure alloys, cermets and in situ oxide scales on steels[J]. Wear, 1988, 127: 31-52.

[8] Hutchings I M. Mechanisms of the Erosion of Metals by Solid Particles[M]. Erosion: Prevention and Useful Applications, 1979, 664(40): 59-76.

[9] Tilly G P. A two stage mechanism of ductile erosion[J]. Wear,1973, 23 (1): 87-96.

[10] Liebhard M, Levy A V. The effect of erodent particle characteristics on the erosion of metals[J]. Wear, 1991, 151(2): 381-390.

[11] Crowe C T, Smoot L D. Multicomponent Conservation Equations//Pulverized-Coal Combustion and Gasification[J]. 1979, 40(3): 15-54.

[12] Morsi S A, Alexander A J. An investigation of particle trajectories in two-phase flow systems[J]. Journal of fluid Mechanics, 1972, 55(2): 193-208.

[13] Haider A, Levenspiel O. Drag coefficient and terminal velocity of spherical and nonspherical particles[J]. Powder Technology, 1989, 58(1): 63-70.

[14] Meng H C, Ludema K C. Wear models and predictive equations: their form and content[J]. Wear, 1995, 183(2): 443-457.

[15] Oka Y I, Okamura K, Yoshida T. Practical estimation of erosion damage caused by solid particle impact Part 1: effects of impact parameters on a predictive equation[J]. Wear, 2005, 259: 95-101.

[16] Oka Y I, Yoshida T. Practical estimation of erosion damage caused by solid particle impact Part 2: mechanical properties of materials directly associated with erosion damage[J]. Wear, 2005, 259: 102-109.

第三章
油井管柱流动冲蚀数值分析

第一节 钻杆接头处的流动冲蚀

一、研究背景

钻井工程中,钻杆—套管环空的钻井液流速必须足够大才能将地层岩屑携带至地面。然而,高速携砂流体不可避免地对钻杆与套管产生冲蚀磨损,尤其是过流截面有变化的钻杆接头处,如图 3 - 1 所示。高速携砂流体会加速应力腐蚀产生的裂缝,颗粒撞击产生点冲蚀,长期冲蚀后造成钻杆破裂、钻井液遗漏等事故,导致停井、修井作业。因此,冲蚀是缩短钻杆寿命的主要因素[1-2]。仅在 2010 年,钻杆冲蚀失效事故就占中国某油田的62.9%。因而钻井工程迫切需要研究环空携砂多相流对钻具冲蚀的影响。

(a)接头裂缝　　　　　　　　　　　　　　　(b)冲蚀坑

图 3 - 1 失效钻杆的宏观形貌

国内外学者通过广泛的研究发现[3-6],影响冲蚀的三个重要因素是颗粒撞击的速度、冲击角以及靶面材料的类型[7],并建立了一些经验或半经验公式来预测壁面的冲蚀速率[8]。然而,冲蚀与流道结构、管道布置、局部流场分布等因素密切相关。钻井工况下环空钻杆接头处的流道结构特殊,相关研究较少。因此,本节利用前述的 CFD 模拟方法,对空气钻井过程中的钻杆冲蚀问题进行了模拟分析,对比了几种工况下钻杆—套管环空的流场分布和钻杆的冲蚀速率,讨论了影响冲蚀速率的主要因素,并基于此,提出了减小钻杆接头坡度的结构优化方案,该方案仅从流道结构优化考虑,未考虑钻杆接头衔接与应力分布,实际工程中需综合考虑。

二、问题描述及方法

1. 控制方程

空气钻井钻杆—套管环空内的携砂气流属于气固两相流。因此,采用欧拉多相流模型[9-10],其连续性与方程如下:

$$\frac{\partial}{\partial t}(V_g \rho_g) + \nabla \cdot (V_g \rho_g v_g) = \dot{m}_{pg} \tag{3-1}$$

$$\frac{\partial}{\partial t}(V_p \rho_p) + \nabla \cdot (V_p \rho_p v_p) = \dot{m}_{gp} \tag{3-2}$$

$$\frac{\partial}{\partial t}(V_p \rho_p v_p) + \nabla \cdot (V_g \rho_g v_g v_g) = -V_g \nabla P + \nabla \cdot \overline{\tau_g} + V_g \rho_g g + V_g \rho_g (F_g + F_{liftg} + F_{vmg})$$
$$+ K_{pg}(v_p - v_g) + \dot{m}_{pg} v_{pg} \tag{3-3}$$

$$\frac{\partial}{\partial t}(V_p \rho_p v_p) + \nabla \cdot (V_p \rho_p v_p v_p) = -V_p \nabla P - \nabla P_p + \nabla \cdot \overline{\tau_p} + V_p \rho_p g$$
$$+ V_p \rho_p (F_p + F_{liftp} + F_{vmp}) + K_{gp}(v_g - v_p) + \dot{m}_{gp} v_{gp} \tag{3-4}$$

其中

$$K_{pg} = \frac{3}{4} \frac{V_p V_g \rho_g}{v_{r,p}^2 d_p} C_D |v_p - v_g| \tag{3-5}$$

$$v_{r,p} = 0.5\{A - 0.06 Re_p + \sqrt{(0.06 Re_p)^2 + 0.12 Re_p(2B - A) + A^2}\} \tag{3-6}$$

$$P_p = \alpha_p \rho_p T_p + 2 \rho_p (1 + e_{pp}) \alpha_p^2 g_{0,pp} T_p \tag{3-7}$$

$$g_{0,pp} = \left\{ 1 - \left[\left(\frac{\alpha_p}{\alpha_{p,max}}\right)^{\frac{1}{3}} \right]^{-1} \right\} \tag{3-8}$$

式中　V_g——气相体积分数;

　　　ρ_g——气相密度;

　　　v_g——气相速度;

　　　∇——变化量;

　　　$\dot{m}_{pg}$——从固相到气相的传质速率;

　　　V_p——固相体积分数;

　　　ρ_p——固相密度;

　　　v_p——固相速度;

　　　$\dot{m}_{gp}$——从气相到固相的传质速率;

　　　$\overline{\tau_g}$——气相压力应变张量;

　　　F_g——气相的单位质量力;

F_{liftg}——气相单位质量的升力；

F_{vmg}——气相单位质量的虚质量力；

K_{pg}——岩屑与气相的动量交换系数；

P——压力；

v_{pg}——从固相到气相的速率；

P_p——固相颗粒表面压力；

$\overline{\tau_p}$——固相压力应变张量；

g——重力加速度；

F_p——固相的单位质量力；

F_{liftp}——固相单位质量的升力；

F_{vmp}——固相单位质量的虚质量力；

K_{gp}——气相与岩屑的动量交换系数；

v_{gp}——从气相到固相的速率；

$v_{r,p}$——固相最后阶段的速度；

C_D——阻力系数；

A——系数，取 $\alpha_q^{4.14}$；

Re_p——粒子雷诺数；

B——系数，取 $\alpha_q^{2.65}$；

α_p——固体体积分数；

T_p——颗粒温度；

e_{pp}——粒子碰撞恢复系数；

$g_{0,pp}$——固相径向分布函数；

$\alpha_{p,max}$——最大径向固体体积分数。

由于携砂气流速度较高，属于湍流流动，故采用可实现的 $k-\varepsilon$ 湍流模型[11-12]使方程组封闭，表示为

$$\frac{\partial(\rho_{mx}k)}{\partial t}+\frac{\partial(\rho_{mx}ku_i)}{\partial x_i}=\frac{\partial}{\partial x_j}\left[\left(\mu_{mx}+\frac{\mu_t}{\sigma_k}\right)\frac{\partial k}{\partial x_j}\right]+G_k+G_b-\rho_{mx}\varepsilon-Y_M \quad (3-9)$$

$$\frac{\partial(\rho_{mx}\varepsilon)}{\partial t}+\frac{\partial(\rho_{mx}\varepsilon u_i)}{\partial x_i}=\frac{\partial}{\partial x_j}\left[\left(\mu_{mx}+\frac{\mu_t}{\sigma_\varepsilon}\right)\frac{\partial \varepsilon}{\partial x_j}\right]+\rho_{mx}C_1E\varepsilon-\rho C_2\frac{\varepsilon^2}{k+\sqrt{v\varepsilon}}+C_1\frac{\varepsilon}{k}C_3G_b$$

$$(3-10)$$

其中
$$C_1=\max\left(0.43\frac{\eta}{\eta+5}\right) \quad (3-11)$$

$$\eta=(2E_{ij}\cdot E_{ij})^{1/2}\frac{k}{\varepsilon} \quad (3-12)$$

$$E_{ij}=\frac{1}{2}\left(\frac{\partial\mu_i}{\partial x_j}-\frac{\partial\mu_j}{\partial x_i}\right) \quad (3-13)$$

式中 ρ_{mx}——混合物密度；

k ——单位质量的湍流动能;

σ_k ——湍流动能对应的普朗特数;

u_i ——单位质量的湍流动能;

μ_{mx} ——混合物的动力黏度;

μ_t ——动力黏度;

x_i ——i 方向上的方向向量;

x_j ——j 方向上的方向向量;

G_k ——平均速度梯度引起的湍流动能的产生项;

G_b ——上升引起的湍流动能的产生项;

ε ——单位质量湍流动能耗散率;

Y_M ——可压缩湍流膨胀对总耗散率的影响;

E ——定应变率;

C_1 ——经验常数,取 1.44;

C_2 ——经验常数,取 1.9;

C_3 ——经验常数,取 0.09;

η ——效率;

σ_ε ——对应湍流动能耗散的普朗特数;

μ_i , μ_j ——动力黏度;

E_{ij} ——定应变率。

通过求解上述控制方程得到速度、压力等主相流场后,固相颗粒用如下运动方程来描述[13-14]:

$$\frac{\mathrm{d}v_g}{\mathrm{d}t} = \frac{C_{Dg} Re_{d_p}}{24 \tau_t}(v_{mx} - v_p) + \frac{g(\rho_p - \rho_{mx})}{\rho_p} + 0.5 \frac{\rho_{mx}}{\rho_p} \frac{\mathrm{d}(v_{mx} - v_p)}{\mathrm{d}t} \qquad (3-14)$$

其中

$$\tau_t = \frac{\rho_p d_p^2}{18 \mu_{mx}} \qquad (3-15)$$

$$Re_{d_p} = \frac{\rho_{mx} d_p |v_p - v_{mx}|}{\mu_{mx}} \qquad (3-16)$$

$$C_{Dp} = \frac{24}{Re_{d_p}}(1 + b_1 Re_{d_p}^{b_2}) + \frac{b_3 Re_{d_p}}{b_4 + Re_{d_p}} \qquad (3-17)$$

式中 C_{Dg} ——气体阻力系数;

d_p ——颗粒直径;

Re_{d_p} ——粒子等效雷诺数;

τ_t ——颗粒弛豫时间;

v_{mx} ——混合物速度;

C_{Dp} ——固体颗粒系数;

b_1 ——常数,取 0.186;

b_2 ——常数,取 0.653;

b_3——常数，取 0.437；

b_4——常数，取 7178.741。

最后，根据经验模型计算冲蚀速率：

$$R_c = \sum_{d_p=1}^{N_p} \frac{1.8 \times 10^{-9} \dot{m}_p}{A_f} \tag{3-18}$$

式中　N_p——粒子数；

　　　$\dot{m}_p$——固相颗粒质量率；

　　　A_f——粒子在表面的投影面积。

计算过程中，将气相设为连续相，岩屑作为离散相颗粒加入连续相流场，运用离散相 DPM 模型进行颗粒跟踪计算。采用 SIMPLE 算法耦合求解压力与速度，用二阶迎风格式离散动量方程，计算收敛残差设为 10^{-5}。

2. 计算域

本研究的钻杆与套管分别为 API ϕ127mm 钻杆和 ϕ273mm 套管，两者构成的计算域如图 3-2 所示。API ϕ127mm 钻杆接头的坡度为 18°，上、下游分别取 1m 和 2m 的计算长度。正常工况下钻杆与套管同轴。当出现偏心时，需重新构建计算域。本研究中对比了偏心距为 0mm、25mm 和 50mm 的影响。

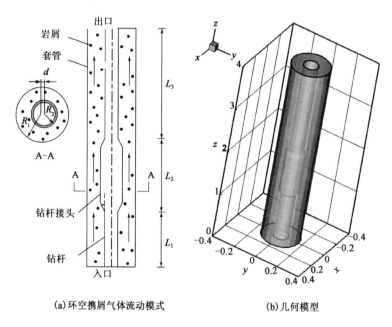

(a)环空携屑气体流动模式　　(b)几何模型

图 3-2　计算域

本研究用 GAMBIT2.3 网格生成器完成了几何模型的构建与网格的划分。如图 3-3 所示，将计算域划分为多个区域，每个区域用六面体网格单元分割。针对流道变化段采用渐进式网格进行离散，并在钻杆和套管壁面划分边界层网格，边界层第一层网格高度为 1mm，增长因子为 1.3。经过网格无关性验证后得到合适的网格尺寸。

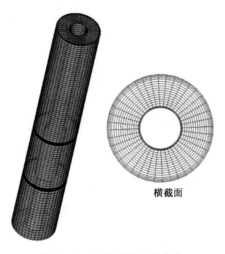

横截面

图 3 - 3 计算域的网格分布

3. 边界条件

在下方入口处定义气体流速和岩屑质量流量。将气体流速定义为 27.78m/s、34.72m/s 和 41.67m/s,分别对应 120m³/min、150m³/min 和 180m³/min 的注气量。岩屑的质量流量定义为 0.6kg/s,对应于 10m/h 钻速时产生的岩屑量。岩屑假设为圆形颗粒平均直径为 1mm。出口压力设为 0Pa,以便于对比分析。在钻杆和套管壁面设无滑移边界条件,并设置壁面反弹系数。

三、数值结果及讨论

1. 气体流速的影响

附录中的彩图 1(图中压力是以实际压力为背压的相对压力)为三种不同气体速度(27.78m/s、34.72m/s、41.67m/s)条件下环空中的流场分布及钻杆冲蚀速率。由于沿程摩阻损失,沿轴向出现了明显的压降。入口气体速度越大,压降越大。此外,钻杆接头处的压力变化明显。接头迎流面出现了局部高压,气流速度受坡壁阻挡而迅速减小。而接头背风坡面出现局部低压,导致下游钻杆壁面出现涡流造成反复冲刷。局部高压和局部低压的绝对值均随入口气流速度的增大而增大。

从彩图 1 中可以清楚地看出,流速随过流截面积的变化而变化。钻杆接头与套管之间过流截面积较小,因而流速较大。由于管壁切应力与流速成正比,因此钻杆接头壁面的切应力大于钻杆本体的切应力。切应力的最大值出现在局部低压区。因此,环空气固两相流对钻杆接头的冲刷严重,会导致接头壁面的凹陷加深或裂纹加速,且气体流速越大,冲刷越严重。

当携砂气流到达钻杆接头时,固相颗粒会沿迎风坡面翻滚,产生严重的冲蚀磨损。接头迎风坡面的冲蚀速率最大。此后,颗粒反弹回主相流场,经湍流影响又会对接头壁面产生冲蚀。由于流道在接头背风面处扩张,导致流动方向发生变化,然后在一定角度内被气流携带至下游。因此,背风面下游也存在冲蚀速率的极值区。随着入口气流速度的增加,冲蚀速率也有明显的增大。当气流速度为 41.67m/s 时,冲蚀速率最大值比气流速度为 27.78m/s 时大

11.27%左右。

因此,在满足足够的携岩能力前提下,尽可能降低注气压力和排量,可以有效降低环空流速,从而减轻冲蚀磨损。

2. 钻杆偏心的影响

当钻杆在井筒内偏心时,环空流道可分为宽间隙通道和窄间隙通道。彩图2(图中压力是以实际压力为背压的相对压力)为三种不同偏心距(0mm、25mm 和 50mm)环空两相流场分布和冲蚀速率。可见,偏心距越大,沿轴向的压降越大。偏心距为 50mm 时,压降比同心环空高约19.13%。

如彩图 2 所示,偏心钻杆对速度分布影响较大。偏心距越大,宽间隙通道的最大流速越大,而窄间隙通道的最大流速越小。然而,在接头坡面附近的窄间隙通道中,流速变化较大,导致壁面切应力分布更加不均匀。窄间隙壁面应力最大值出现在接头的迎风面附近。相对而言,宽间隙通道的壁面切应力分布较为均匀。

偏心距越大,流场变化越剧烈,冲蚀越严重,特别是在接头迎风坡面。因此,为减少冲蚀,应避免钻杆偏心,将扶正器安装在适当的位置。

3. 优化设计接头坡度

由上述分析可知,冲蚀磨损部位主要位于钻杆接头的坡面处。因此,减少接头的冲蚀成为延长钻杆使用寿命、确保安全钻井作业的关键问题之一。除了降低气体流速和钻杆的偏心距外,改变钻杆接头的几何形状也可以削弱冲蚀。本研究通过减少接头的坡度来观测其对冲蚀的影响。

彩图3(图中压力是以实际压力为背压的相对压力)为三种不同坡度(18°、15°和 12°)接头的环空流场与冲蚀速率的分布。减小接头的坡度可以使流道趋于流线型。模拟发现沿轴向的压降、环空最大流速和钻杆外壁面切应力均随坡度的减小而减小。在接头坡面上,局部高压和局部低压的绝对值也有明显的减小。上述结果表明,减小坡面,可以改善流场。

如彩图 3 所示,小接头坡面的颗粒冲击角减小,冲蚀较小。12°迎风坡面的冲蚀速率最大值为 $1.03 \times 10^4 kg/(m^2 \cdot s)$,比18°迎风坡面的冲蚀速率最大值小 34.8%。因此,减小钻杆接头的坡度是优化钻具几何形状以减少冲蚀的有效方法,但实际运用还需综合考虑接头处的螺纹连接及应力分布等。

通过上述分析,主要得到如下结论:

(1)CFD 模拟可以实现钻杆—套管环空流场分布与钻杆壁面冲蚀速率分布的预测。

(2)注气压力和排量等钻井作业参数、钻杆结构、钻杆—套管环空结构等对冲蚀均有明显影响。高气体流速和大偏心距都会导致接头冲蚀更为严重,特别是在接头迎风坡面处。

(3)除降低气体流速和钻杆偏心距外,提出了通过减小钻杆接头坡度来削弱冲蚀的结构优化方案,并用数值验证了其抑制的效果。

第二节　页岩气井油管接箍处的流动冲蚀

本节针对页岩气长水平井筒的油管接箍开展了不同进口质量流量、不同砂粒直径以及不同含砂量下的冲蚀模拟。

一、研究背景

如图 3 - 4 所示,选取两个油管及两者间的接箍作为研究对象建立几何模型,其中油管内径为 62mm,单根长度为 9.75m,接箍内径为 73mm。

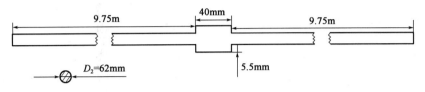

图 3 - 4　几何模型

实际页岩气井开采时,部分地层砂粒会被携带进入井筒,由于接箍处流场发生突变,使得携砂气流在接箍处产生剧烈扰动,造成该处的壁面产生较大的流动冲蚀现象。为更准确地模拟页岩气在水平油管中的流动以及冲蚀现象,对壁面和接箍处的网格进行了局部加密,用六面体网格进行计算域的划分,如图 3 - 5 所示。

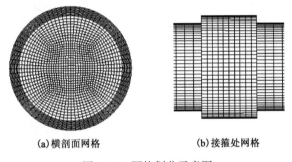

(a)横剖面网格　　　　　　　(b)接箍处网格

图 3 - 5　网格划分示意图

二、问题描述及方法

如表 3 - 1 所示,将页岩气进口的质量流量设为一个变量,分析其对油管内流场及冲蚀的影响。模拟采用的砂粒直径为 0.2mm,入口砂含量为 3%。由于页岩气开采的环境为高温高压状态,因此定义页岩气可压缩气体,油管内为可压缩的携砂气流流动。

表 3 - 1　模拟组次

油管内径 (mm)	接箍内径 (mm)	进口质量流量 (kg/s)	砂粒直径 (mm)	含砂量 (%)
62	73	0.9	0.2	3
		1.1		
		1.3		
		1.5		
		1.7		

彩图 4 为不同页岩气质量流量条件下的油管轴向剖面压力分布情况。可见,气相压力沿管轴方向逐渐下降,接箍处的压力梯度呈椭圆状,这是由于接箍处流道过流截面突然增大,导致压力梯度增大。随入口气体质量流量的增加,油管内的主相流速增大,沿程压降越大,接箍处的压力梯度也有一定的增加。

三、数值结果及讨论

实际页岩气开采过程中,进入井筒的砂粒体积流量远小于开采出的页岩气流量,一般小10%,因此页岩气水平井筒中的携砂问题可视为稀疏颗粒相可压缩气流。取砂粒粒径分布范围为 0.2 ~ 0.6mm,页岩气含砂量 2% ~ 6%,页岩气质量流量为 0.9 ~ 1.7kg/s,模拟组次见表 3 – 2。

表 3 – 2　模拟组次

油管内径 (mm)	接箍内径 (mm)	进口质量流量 (kg/s)	砂粒直径 (mm)	含砂量 (%)
62	73	1.1	0.2	3
		1.3		
		1.5		
		1.7		
62	73	0.9	0.3	3
			0.4	
			0.5	
			0.6	
62	73	0.9	0.2	2
				4
				5
				6

彩图 5 为页岩气携带砂粒在水平油管中时的颗粒运移轨迹,由于接箍处的流场发生了突变,流动使得砂粒在该处的 J 区域产生了剧烈扰动;同时砂粒进入油管后,由于重力作用,大部分砂粒逐渐沉降,最终沿着油管底部滑移。

正是由于油管接箍处的扰动,使得砂粒冲蚀主要集中在接箍处,且最大冲蚀速率出现在接箍背后端的油管内壁,这与该处形成的局部涡流密切相关。由彩图 6 的冲蚀云图可见冲蚀严重区的冲蚀云图呈火焰状,随页岩气入口质量流量的增大,气体传递给砂粒的动能增大,砂粒撞击接箍表面的动能也增大,因此接箍表面受到的最大冲蚀效率也随之增大。

不同气体进口质量流量时最大冲蚀速率如图 3 – 6 所示,可以得出,当气体入口质量流量为 1.7kg/s 时,接箍处的最大冲蚀效率为 1.3×10^{-6} kg/($m^2 \cdot s$),是气体入口质量流量为 0.9kg/s 时的 7 倍。气体质量流量越大,接箍处的冲蚀失效风险越大。

不同进口砂粒直径时的最大冲蚀速率如图 3 – 7 所示,当砂粒直径为 0.6mm 时,接箍受到

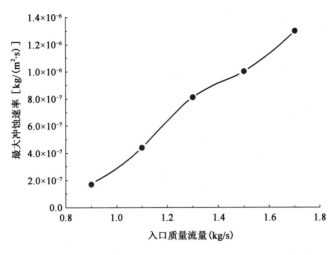

图 3 - 6　不同气体进口质量流量时最大冲蚀速率曲线图

的最大冲蚀速率为 $1.7 \times 10^{-6} kg/(m^2 \cdot s)$,是直径为 0.2mm 时的 1.7 倍。这在彩图 7 也得到了证实,随着砂粒直径的逐渐增大,接箍处受冲蚀作用面积明显增大。在其他工况条件相同的情况下,接箍的最大冲蚀速率与砂粒的直径成正比,这是因为在相同速度下的颗粒动能与质量成正比,直径越大的砂粒质量越大,砂粒的撞击动能也越大,因此其冲击壁面产生的破坏也越大。

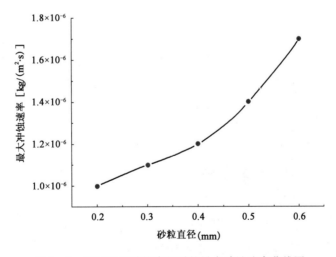

图 3 - 7　不同进口砂粒直径时的最大冲蚀速率曲线图

　　彩图 8 为不同砂粒浓度时的油管壁冲蚀速率分布。随着砂粒浓度的增加,冲蚀面积逐渐增大,接箍处的最大冲蚀速率也越来越大。如图 3 - 8 所示,当颗粒浓度达到 2% 时,最大的冲蚀速率为 $7.5 \times 10^{-7} kg/(m^2 \cdot s)$,当颗粒浓度达到 6% 时,最大冲蚀速率为 2.1×10^{-6} $kg/(m^2 \cdot s)$,前者的冲蚀速率约是后者的三分之一,其冲蚀面积约为后者的一半。砂粒数量与砂粒浓度呈正比,浓度越高,单位时间内砂粒对接箍壁面的碰撞次数越多,因而造成的冲蚀越严重。

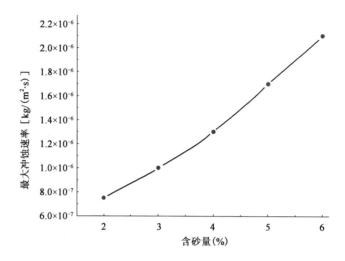

图 3 - 8　不同含砂浓度的冲蚀速率曲线图

第三节　封隔器处的流动冲蚀

一、研究背景

几何模型如图 3 - 9 所示,选择油管内径 62mm,单油管长度 9.75m,油层套管内径为 121.36mm,油套管间安装封隔器封隔。

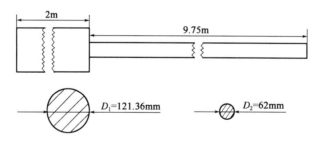

图 3 - 9　几何模型

页岩气从地层进入井筒后,受到封隔器的阻碍而进入油管,此时页岩气携带的大量砂粒会对油层套管和油管之间的封隔器产生冲击,因而会产生严重的冲蚀现象。如图 3 - 10 所示,为提高不同工况下封隔器冲蚀的计算精度和计算速度,研究采用六面体结构型网格,并对局部网格加进行了加密处理。

二、问题描述及方法

如表 3 - 3 所示,页岩气的进口质量流量为 0.9 ~ 1.7kg/s,砂粒直径取 0.2mm,入口含砂量为 3%。同样,这里的页岩气设为可压缩气体,而封隔器材质为橡胶。

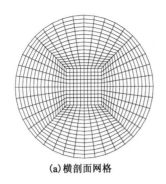 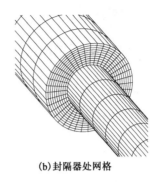

(a)横剖面网格　　　　　　　(b)封隔器处网格

图 3 - 10　网格划分示意图

表 3 - 3　模拟组次

油管内径 （mm）	油层套管内径 （mm）	进口质量流量 （kg/s）	砂粒直径 （mm）	含砂量 （%）
62	121.36	0.9 1.1 1.3 1.5 1.7	0.2	3

彩图 9 为不同页岩气进口质量流量下的压力分布图。入口压力由出口压力反算得到,压力沿程逐渐下降。由于封隔器处的流场横截面积突然减小,此处出现了明显的压力梯度,表明存在较大压降。随着进口质量流量的增加,计算域的压降也逐渐增大,流经封隔器处的压力损失也越大。

三、数值结果及讨论

根据彩图 10 颗粒在页岩气携带下由油层套管进入油管的动移轨迹可以得出,受重力影响,砂粒在气流的带动下进入油层套管,并逐渐沉降,最终撞击到封隔器端面。彩图 11 及图 3 - 11分别为不同气体进口质量流量时的冲蚀速率分布及最大冲蚀速率曲线,可以看出:

(1)在其他工况保持不变的前提下,页岩气的进口质量流量越大,封隔器受到的最大冲蚀效率也越大;

(2)当进口质量流量为 1.7kg/s 时,最大冲蚀速率为 $5.4 \times 10^6 kg/(m^2 \cdot s)$,是进口质量流量为 0.9kg/s 受到的最大冲蚀速率的 4 倍。

从砂粒的颗粒轨迹图分析可知,进入套管的砂粒在重力作用下沉降,通过页岩气的携带冲击封隔器,从而造成巨大的能量交换。页岩气的进口质量流量越大,进口速度越高,在其他条件不变的情况下,单位时间内进入井筒的砂粒越多,冲击单位面积上的砂粒也越多。

彩图 12 为其他条件不变,只改变进口砂粒直径时的冲蚀云图,可以看出,封隔器受到的冲蚀面呈现唇型,并且随着进口砂粒直径的增大,砂粒动能也逐渐增大;当砂粒动能逐渐增加时,

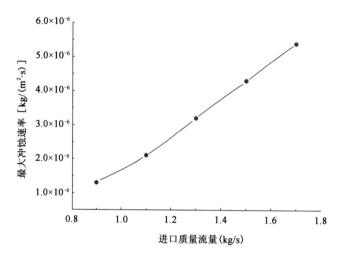

图 3 - 11　不同气体进口质量流量时的最大冲蚀速率曲线图

其传递到封隔器的动能也会增加,并且封隔器受到的最大冲蚀速率也越来越大,冲蚀面积随之增大。

由图 3 - 12 可以得出,当砂粒的直径为 0.6mm 时,封隔器最大冲蚀速率为 7.1×10^{-6} kg/(m²·s),是直径为 0.2mm 时最大冲蚀速率的 1.65 倍,且冲蚀面积是后者的 3 倍。

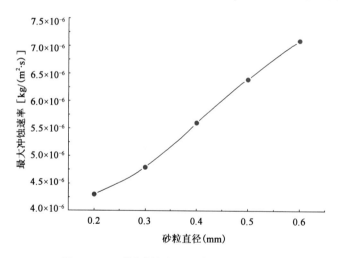

图 3 - 12　不同砂粒直径的冲蚀速率曲线图

由图 3 - 13 可见,当砂粒浓度为 2% 时,封隔器最大冲蚀速率为 3.7×10^{-6} kg/(m²·s),占砂粒浓度为 6% 时的封隔器最大冲蚀速率的一半。同时可以看出,随着入井砂粒浓度的增加,单位时间内撞击封隔器的砂量也随之增加。彩图 13 为不同砂粒浓度条件时封隔器的冲蚀情况,可见封隔器的最大冲蚀速率随入井砂粒浓度的增加而增加,同时冲蚀面积也逐渐增大。

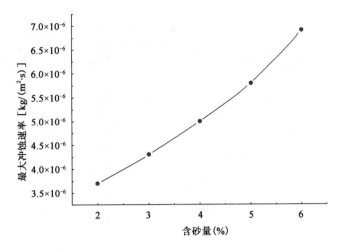

图 3 - 13   不同含砂量的冲蚀速率曲线图

第四节   钻杆内加厚过渡带处的流场及剪切应力分布

一、研究背景

钻杆失效是钻井工程中的突出问题,导致了巨大的经济损失。内加厚过渡带穿孔是钻杆失效的主要形式之一(图 3 - 14)。根据 Li 等人的调研[15],在我国 16 个油田的 108 例事故中,65.7% 的事故发生在过渡带。以塔里木油田为例[16],加厚过渡带穿孔失效频率逐年增加。很多 ϕ127mm IEU S - 135 钻杆在以 80 ~ 120r/min 的转速工作 2000h 后,在深度超过 2000m 的井中发生多次穿孔失效。仅在 2004 年,此类钻杆事故就超过 170 起。

以往的钻杆失效研究主要集中在有限元应力分析或失效统计[17-19]上,而忽略了钻井液对钻杆的影响。然而,由于流动通道的变化,在内加厚过渡带出现了流场突变,压力的波动和局部低压的存在加剧了钻杆的流动冲蚀。因此,从流动冲蚀的角度进行钻杆失效分析非常必要。

在本节中,对于 ϕ127mm IEU S - 135 钻杆内的流场进行了模拟分析,基于计算流体动力学(CFD),对比了不同钻井方法、不同钻井液及不同过渡带尺寸时的压力钻杆内压力、速度、切应力的分布。

二、问题描述及方法

1. 控制方程

不同钻井方法采用的钻井液介质不同。常规钻井采用泥浆作为钻井液,属于非牛顿流体。空气钻井采用空气作为钻井液,属于可压缩流体,而泡沫钻井则采用气液两相流作为钻井液。运用时均化的 Navier - Stokes 方程求解钻杆内加厚过渡带处的钻井液流场[20-21],其质量守恒和动量守恒方程为

(a)失效部位

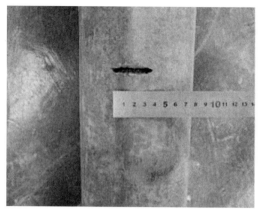

(b)外视图

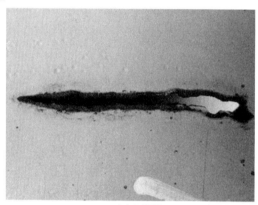

(c)内视图

图 3 - 14   内加厚过渡带穿孔失效的宏观照片

$$\frac{\partial \rho}{\partial t} + \nabla(\rho v) = 0 \qquad (3-19)$$

$$\frac{\partial(\rho v)}{\partial t} + \nabla(\rho vv) = -\nabla P + \nabla \tau + \rho g + F \qquad (3-20)$$

式中　ρ ——钻井液密度；

　　　v ——钻井液速度；

　　　τ ——黏性应力；

　　　P——压力；

　　　F——其他体积力。

对于泡沫钻井，密度 ρ 表示混合密度，v 表示混合速度，表达式为

$$\rho = \alpha \rho_g + (1 - \alpha) \rho_L \qquad (3-21)$$

$$v = \alpha v_g + (1 - \alpha) v_L \qquad (3-22)$$

式中　α ——体积含气率；

　　　ρ_g ——气体密度；

　　　ρ_L ——液体密度；

v_g——气体速度；

v_l——液体速度。

采用可实现的 $k - \varepsilon$ 紊流模型[22]使用方程组封闭：

$$\frac{\partial(\rho k)}{\partial t} + \frac{\partial(\rho k v_i)}{\partial x_i} = \frac{\partial}{\partial x_j}\left[\left(\mu + \frac{\mu_t}{\sigma_k}\right)\frac{\partial k}{\partial x_j}\right] + G_k + G_b - \rho\varepsilon - Y_M \qquad (3-23)$$

$$\frac{\partial(\rho\varepsilon)}{\partial t} + \frac{\partial(\rho\varepsilon v_i)}{\partial x_i} = \frac{\partial}{\partial x_j}\left[\left(\mu + \frac{\mu_t}{\sigma_\varepsilon}\right)\frac{\partial\varepsilon}{\partial x_j}\right] + \rho\, C_1 E\varepsilon - \rho C_2 \frac{\varepsilon^2}{k + \sqrt{v\varepsilon}} + C_{1\varepsilon}\frac{\varepsilon}{k}\, C_{3\varepsilon}\, G_b$$

$$(3-24)$$

其中
$$C_1 = \max\left(0.43, \frac{\eta}{\eta + 5}\right) \qquad (3-25)$$

$$\eta = \left(2\, E_{ij} \cdot E_{ij}\right)^{1/2}\frac{k}{\varepsilon} \qquad (3-26)$$

$$E_{ij} = \frac{1}{2}\left(\frac{\partial v_i}{\partial x_j} + \frac{\partial v_j}{\partial x_i}\right) \qquad (3-27)$$

式中 G_k——平均速度梯度引起的湍动能产生；

Y_M——可压缩湍流脉动膨胀对总的耗散率的影响；

G_b——由浮力影响引起的紊动能产生；

E——定应变率；

μ——动力黏度；

k——单位质量的湍动能；

ε——单位质量湍动能的耗散率；

$C_{1\varepsilon}$ 经验常数，1.44；

$C_{3\varepsilon}$——经验常数0.09；

C_2——经验常数1.9；

σ_ε——湍动耗散率对应的普朗特数。

在模拟中，空气视为压缩气体，泡沫为含有 20% 水的氮气，泥浆为幂律流体，符合 $\tau = 0.59\,(dv/dy)^{0.71}$。表3-4列出了钻井液物理属性。计算采用二阶迎风格式求解动量方程，残差设为 10^{-5}。

表3-4 模拟中使用的钻井液的物理属性

钻井液	组成	密度 （kg/m³）	动力黏度 （Pa·s）	比热容 [kJ/(kg·K)]	导热系数 [W/(m·K)]
空气		1.225	1.789×10^{-5}	1.006	0.242
泡沫	氮(80%)	1.138	1.663×10^{-5}	0.979	0.242
	水(20%)	998.2	0.001	4.182	0.6
泥浆		1200	$0.59(dv/dy)^{-0.29}$*	1.675	1.731

注：表中列出的泥浆黏度是其表观黏度，它是速度梯度的函数。

2. 计算域

图 3-15 所示为结构尺寸为 5in 的钻杆,计算域内加厚过渡带靠近外螺纹的流道与内螺纹附近的内加厚过渡带不同,一个是收缩通道,另一个是扩张通道。因此,分别采用两个计算域进行计算。

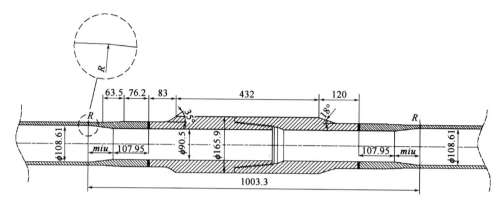

图 3-15　模拟用 5in 钻杆(单位:mm)

miu 为内加厚过渡带长度,*R* 为过渡圆角半径

如图 3-16 所示,由于计算域呈旋转轴对称性,仅需建立二维几何模型。使用 GAMBIT 2.3 网格生成器完成所有几何模型的建立和网格划分。为控制网格分布,将计算域划分为几个区域。每个区域用矩形单元离散化,并采用渐进网格划分流道变化区域。钻杆壁面设置一个边界层,为四层网格高度(第一层的高度为 0.5mm,增长因子为 1.2)。

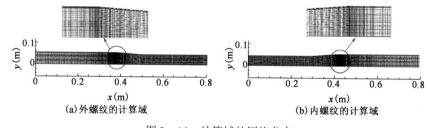

(a) 外螺纹的计算域　　　　　　　(b) 内螺纹的计算域

图 3-16　计算域的网格分布

3. 边界条件

计算区域的入口和出口分别采用速度入口和压力出口边界,假设入口速度为 2m/s、3m/s 或 4m/s,以反映钻井液的不同排量。为便于比较分析,出口压力定为 0Pa。在钻杆管壁处,设为无滑移边界条件。

三、数值结果及讨论

1. 钻井液的影响

彩图 14(图中压力是以实际压力为背压的相对压力)对比了三种不同钻井方式下内加厚过渡带的压力和速度分布。在外螺纹附近的内加厚过渡带存在显著的压降,可以根据能量守恒定律来解释。在正常的钻井作业中,钻井液的流速通常是不变的,即在钻杆中存在稳定的流量。因此,流速随着流动横截面积的减小而增加,动能的增加以压能的减少为代价,从而导致压力的降低。

在靠近内螺纹的内加厚过渡带处,压力的变化趋势相反。特别是在过渡带连接处,压力突变非常明显。局部低压出现在管道扩张的部位,过渡区与钻杆本体的连接处出现局部高压。因此,在内螺纹附近,压力波动相对明显,之后形成涡流,反复冲刷管壁,这也是在内螺纹附近出现穿孔的原因之一。

在三种钻井液中,泥浆的黏度最大,从而导致摩擦损失最大。因此,泥浆钻井的压降最大,局部低压区的面积也最大。泡沫是气液两相流,其黏度大于空气,因此,泡沫钻井中的压降和局部低压区面积次之。空气钻井的黏度最小。在泥浆钻井中,管壁附近存在较厚的边界层,速度梯度较小,横向速度越小,涡旋强度越弱。因此,高黏度泥浆可以在一定程度上抑制管壁的流动冲蚀。但是,较厚的边界层也会导致速度在横截面上的不均匀分布。泥浆钻井中有明显的火焰状流动核心区域,形成不均匀的压力分布。相对而言,泡沫钻井或空气钻井中的横截面速度分布较为均匀。

如图 3-17 所示,壁面剪切应力的分布直接受到速度分布的影响。在较小直径的钻杆中会出现较大的剪切应力。由于流道结构的变化,过渡带的拐角处壁面剪切应力会突然变化。最小值出现在管体和过渡带之间,最大值出现在过渡带和钻头接头之间。由于剪切应力与钻井液的黏度成正比,因此泥浆会在钻杆壁上施加最大的剪切应力,泡沫次之,空气最小。

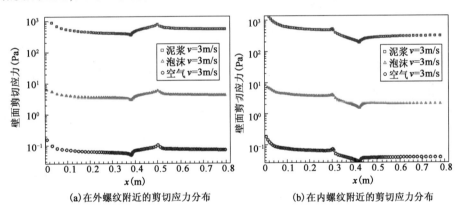

(a) 在外螺纹附近的剪切应力分布　　　　(b) 在内螺纹附近的剪切应力分布

图 3-17　三种不同钻井方法内加厚过渡带中的壁面剪切应力分布

总体而言,在相同的入口速度下,泥浆对钻杆内镦粗过渡区的流动冲蚀作用最严重,尤其是在靠近内螺纹的过渡区。但是,空气或泡沫钻孔的入口速度几乎比泥浆钻孔的速度大。因此,空气或泡沫对钻杆的流动冲蚀作用在工程实际中也很严重。由于泥浆钻井是实际应用中的主要钻井方法,因此以下几节着重分析其他参数对泥浆钻井中流动冲蚀的影响。

2. 钻井液排量的影响

众所周知,通过增加钻井液的排量,可以提高破岩携岩的效率。然而,内加厚过渡区中钻井液的流场也受到排量变化的影响。

彩图 15(图中压力是以实际压力为背压的相对压力)为三种不同速度下泥浆钻井内加厚

过渡带的压力和速度分布。排量越大,入口的速度越大,从而产生较大的横向速度梯度。由于流动方向在过渡区域中发生变化,尤其是在过渡带与管体之间,导致流体以一定角度流动冲刷管壁。速度越大,流动冲蚀越严重,如图3-18所示。靠近母螺纹的拐角处压力陡增。如果存在缺陷,那么压力的上升会进一步扩大缺陷。

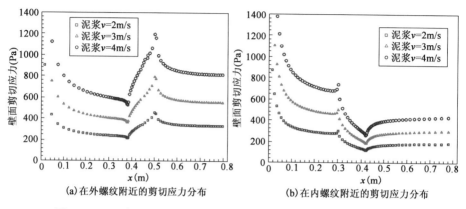

(a) 在外螺纹附近的剪切应力分布　　(b) 在内螺纹附近的剪切应力分布

图3-18　三种不同速度下泥浆钻井内加厚过渡带的壁面剪切应力分布

3.过渡结构变化的影响

除了控制钻井液的黏度和排量外,还可以对内加厚过渡带结构进行优化,以减少流动冲蚀。因此,选择了三种不同的过渡带长度和三种不同的过渡圆角半径进行分析。

彩图16(图中压力是以实际压力为背压的相对压力)为三种过渡半径的内加厚过渡带区域的压力和速度分布。在相同的过渡带长度下,过渡圆角半径的增大可以在一定程度上减少流动通道的突变。因此流场的变化,如压力波动,局部低压面积和速度梯度都会减小。

壁面剪切应力也随着过渡圆角半径的增加而减小。如图3-19所示,在过渡圆角半径较大的情况下,管体与内加厚过渡带连接处的壁面剪切应力分布过渡相对平稳。因此,在过渡带长度相同的情况下,增大过渡圆角半径可以有效降低钻井液在管壁上的冲刷。

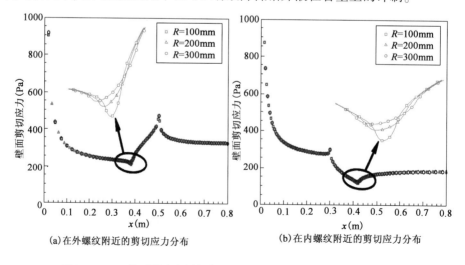

(a)在外螺纹附近的剪切应力分布　　(b)在内螺纹附近的剪切应力分布

图3-19　三种不同过渡圆角半径的内加厚过渡带管壁剪切应力分布

流场也随着过渡长度的增加而变化。彩图 17(图中压力是以实际压力为背压的相对压力)为三种不同长度过渡带泥浆钻井内加厚过渡带的压力和速度分布。可见,增加过渡长度可以减小流动通道的梯度,在一定程度上削弱了流场的变化。

当过渡长度为 180mm 时,在内镦粗过渡区与管体之间的连接处找不到局部高压区域,在过渡带涡流不明显。因此,可通过增加过渡带长度来减少流动冲蚀。如图 3-20 所示,在相同的过渡圆角半径下,壁面剪切应力随着过渡长度的增加而减小。因此,如果增加过渡部分的长度或半径,则会延长钻杆的使用寿命。实践证明,这种结构优化方法是有效的,在四川某油田的一口井的现场应用结果表明,过渡带长度为 180mm 和过渡圆角半径为 300mm 的钻杆使用寿命提高了 35%。

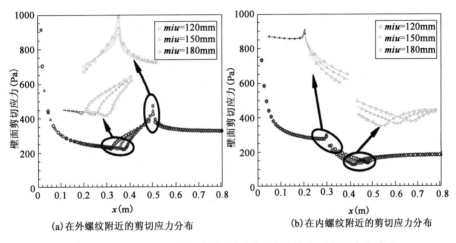

(a)在外螺纹附近的剪切应力分布   (b)在内螺纹附近的剪切应力分布

图 3-20   三种不同过渡长度的内加厚过渡带的壁面剪切应力分布

采用数值方法研究了钻杆内加厚过渡带的流场冲蚀,可以得出以下结论:

(1)由于流道的变化,在内加厚过渡带中出现了流场的突然变化,从而引起严重的流蚀。特别是靠近内螺纹处压力波动比较明显,局部低压区较大,引起涡流对管壁的反复冲刷。因此,钻杆的穿孔基本上位于靠近内螺纹的内加厚过渡带。

(2)由于钻井液黏度高,在相同的进口速度下,钻井液对钻杆内加厚过渡带的流动冲蚀作用最严重。排量越大,冲刷越明显。因此,应该选择合理的钻井液排量,既能有效地提高钻井速度,又要将钻杆的流动冲蚀降低到最低程度。

(3)通过改变过渡区的结构,流场发生了有利的变化。增大圆角半径或过渡带长度可以有效地降低钻井液对管壁的冲刷作用,从而延长钻杆的使用寿命。

参 考 文 献

[1] Ferng Y M. Predicting local distributions of erosion‐corrosion wear sites for the piping in the nuclear power plant using CFD models[J]. Ann Nucl Energy, 2008, 35(2): 304‐313.

[2] Ferng Y M, Lin B H. Predicting the wall thinning engendered by erosion‐corrosion using CFD methodology[J]. Nuclear Engineering and Design, 2010, 240(10): 2836‐2841.

[3] Postlethwaite J, Dobbin M H, Bergevin K. The role of oxygen mass transfer in the erosion‐corrosion of slurry pipelines[J]. Corrosion, 1986, 42(9): 514‐521.

［4］ Postlethwaite J, Lotz U. Mass transfer at erosion – corrosion roughened surfaces［J］. Can J Chem Eng, 1988, 66(1): 75 – 78.

［5］ Naitoh M, Uchida S, Okada H, et al. Evaluation of flow accelerated corrosion by coupled analysis of corrosion and flow dynamics (Ⅰ) major features of coupled analysis and application for evaluation of wall thinning rate［C］. In: Presented at the 13th international topic meeting on nuclear reactor thermal hydraulics, Kanazawa City, Ishikawa Prefecture, Japan, September 27 – October 2, 2009.

［6］ Uchida S, Naitoh M, Okada H, et al. Evaluation of flow accelerated corrosion by coupled analysis of corrosion and flow dynamics (Ⅱ) flow dynamics calculations for determining mixing factors and mass transfer coefficients［C］. In: Presented at the 13th international topic meeting on nuclear reactor thermal hydraulics, Kanazawa City, Ishikawa Prefecture, Japan, September 27 – October 2, 2009.

［7］ Arefi B, Settari A, Angman P. Analysis and simulation of erosion in drilling tools［J］. Wear, 2005, 259(1): 263 – 270.

［8］ Tang P, Yang J, Zheng J Y, et al. Failure analysis and prediction of pipes due to the interaction between multiphase flow and structure［J］. Eng Fail Anal, 2009, 16(5): 1749 – 1756.

［9］ Sokolichin A, Eigenberger G. Dynamic numerical simulation of gas – liquid two – phase flows Euler/Euler versus Euler/Lagrange［J］. Chem Eng Sci, 1997, 52(4): 611 – 626.

［10］ Deen N G, Solberg T, Hjertager B H. Large eddy simulation of the gas – liquid flow in a square cross – sectioned bubble column［J］. Chem Eng Sci, 2001, 56: 6341 – 6349.

［11］ Kimura I, Hosoda T. A non – linear $k - \varepsilon$ model with realizability for prediction of flows around bluff bodies［J］. Int J Numer Methods Fluids, 2003, 42(6): 813 – 837.

［12］ Maele K V, Merci B. Application of two buoyancy – modified $k - e$ turbulence models to different types of buoyant plumes［J］. Fire Saf J, 2006, 41: 122 – 138.

［13］ Sun L, Lin J Z, Wu F L, et al. Effect of non – spherical particles on the fluid turbulence in a particulate pipe flow［J］. J Hydrodyn, 2004, 16(6): 721 – 729.

［14］ Dickenson J A, Sansaloned J J. Discrete phase model representation of particulate matter (PM) for simulating PM separation by hydrodynamic unit operations［J］. Environ Sci Technol, 2009, 43(21): 8220 – 8226.

［15］ Li H L, Li P Q, Feng Y R. Failure analysis and prevention of drill pipes［M］. Beijing: Petroleum Industry Press, 1999.

［16］ Luo F Q. Failure mechanism and countermeasures of drill string in Tarim Oilfield［D］. Chengdu: Southwest Petroleum University, 2006.

［17］ Yuan G J, Yao Z Q, Wang Q H, et al. Numerical and experimental distribution of temperature and stress fields in API round threaded connection［J］. Eng Fail Anal, 2006, 13(8): 1275 – 1284.

［18］ Baryshnikov A, Calderoni A, Ligrone A, et al. A new approach to the analysis of drillstring fatigue behavior［J］. SPE Drill Completion, 1997, 12(2): 77 – 83.

［19］ Wang R H, Zang Y B, Zhang R, et al. Drillstring failure analysis and its prevention in northeast Sichuan, China［J］. Eng Failure Anal, 2011, 18(4): 1233 – 1241.

［20］ He Y, Wang A W, Mei L Q. Stabilized finite – element method for the stationary Navier – Stokes equations［J］. J Eng Math, 2005, 58(4): 367 – 80.

［21］ He Y, Li K T. Two – level stabilized finite element methods for the steady Navier – Stokes problem［J］. Computing, 2005, 74(4): 337 – 51.

［22］ Kimura I, Hosoda T. A non – linear $k - \varepsilon$ model with realizability for prediction of flows around bluff bodies［J］. Int J Numer Methods Fluids, 2003, 17(8): 813 – 837.

第四章
地面管线流动冲蚀数值分析

第一节 弯管内气固两相流动

本节对气固两相流作用下的弯管流动冲蚀和变形进行数值模拟,在计算三维雷诺平均 Navier‐Stokes(RANS)方程的基础上,捕捉了连续流体相的运动,并用离散相模型(DPM)计算了颗粒的运动,采用流固耦合(FSI)计算管道变形,分析了进口流速、管径、曲率半径对弯管流动特性、冲蚀速率和变形的影响。计算结果表明,弯管的流场、冲蚀速率、变形与结构和进口条件密切相关。入口流量越高、曲率半径越小或管径越小,变形越大;入口流量越慢、曲率直径比越大、管径越大,可减弱流动冲蚀。

一、研究背景

冲蚀磨损是引起工业管道失效的一个重要原因,它导致管道内壁质量损失、壁面变薄甚至管道破裂[1]。特别是在许多工程应用中,如粉尘气力输送、气体钻井排砂管、喷砂等,高速颗粒流通常会引起弯管的严重冲蚀破坏,而弯管也会引起流场的剧烈变化、压力损失和二次流,不可避免地引起振动和变形[2]。此外,颗粒连续撞击管壁也会引起管道振动和变形。因此,在气固两相流中,弯管内既有流动冲蚀,也有管道变形。在流动冲蚀和管道变形的共同作用下,弯管无疑是一种易损易坏的管道,威胁着管道系统的可靠性和工作人员的人身安全。图4-1显示了气固两相流中两个实际损坏的弯管。左图弯管外径为114.30mm,是化工厂修复后的失效弯头,投产仅3个月就出现穿孔失效。右图为天然气管道的失效弯管,外径88.90mm,很明显,气体正从弯头的裂缝中喷出。

研究人员已对弯管冲蚀进行了大量的实验或数值研究[3-6]。冲蚀颗粒的速度、冲蚀角和材料类型被认为是控制冲蚀的三个重要因素[7]。为了预测气固两相流中弯管的冲蚀速率,前人已建立了几种经验或半经验公式。但由于冲蚀严重依赖于管道结构、管道布置形式、流速分布等因素,因此相关公式的普适性较差。一些研究人员也对管道变形进行了研究[8-9],但主要集中在结构强度的分析上,流致弯曲变形的研究相对较少。因此,无论是流动冲蚀还是流动诱发变形都需要进一步的研究。此外,很少有文献同时考虑流动冲蚀和管道变形,两者之间存在相互作用。一方面,高速气固两相流会引起冲蚀磨损,导致壁面变薄,使流道局部变化,造成流场变化。另一方面,气固两相流也会引起管道变形,导致流场的变化。修正后的流场对冲蚀和管道变形又有新的影响。因此,迫切需要对弯管内气固两相流的流致振动和流动冲蚀进行耦合分析,确定最大冲蚀变形的位置和大小。由于弯管内气固两相流动特性以及冲蚀速率和变形位移难以实验定量,本节采用三维流固耦合模型,进行计算,分析了不同入口条件和结构条件下的气固两相流场分布及弯管的冲蚀速率与变形情况,讨论了入口速度、管径、曲率半径等因素的影响。

(a)化工厂修复后的失效弯管   (b)燃气管道的失效弯管

图 4 - 1 实际损坏的弯管

二、问题描述及方法

1. 数学模型

将求解器中气体视为连续相的流体,固体颗粒作为离散相添加到连续相流场中并视为规则的球形颗粒,通过离散相模型(DPM)对其进行捕获。连续相的运动由三维雷诺平均 Navier – Stokes(RANS)方程求解,包括连续性方程和动量方程,如下式所示:

$$\frac{\partial \rho_f}{\partial x} + \nabla \cdot (\rho_f v) = 0 \tag{4-1}$$

$$\frac{\partial \rho_f v}{\partial t} + \nabla \cdot (\rho_f vv - \tau_f) = f_f \tag{4-2}$$

其中

$$\tau_f = \left[-p + \left(-g - \frac{2}{3}\mu \right) \nabla \cdot v \right] I + 2\mu E \tag{4-3}$$

$$E = \frac{1}{2}(\nabla v + \nabla v^T) \tag{4-4}$$

式中 ρ_f——气体密度;

       v——气体速度;

       τ_f——流体应力;

       f_f——流体体积力;

       p——压力;

       μ——动力黏度。

同时,采用可实现的 $k - \varepsilon$ 湍流模型[11]使流动控制方程封闭,并描述湍流特性:

$$\frac{\partial(\rho_f k)}{\partial x} + \frac{\partial(\rho_f k v_i)}{\partial x_i} = \frac{\partial}{\partial x_j}\left[\left(\mu + \frac{\mu_t}{\sigma_k}\right)\frac{\partial k}{\partial x_j}\right] + G_k + G_b - \rho_f \varepsilon - Y_M \tag{4-5}$$

$$\frac{\partial(\rho_f \varepsilon)}{\partial t} + \frac{\partial(\rho_f \varepsilon v_i)}{\partial x_i} = \frac{\partial}{\partial x_j}\left[\left(\mu + \frac{\mu_t}{\sigma_\delta}\right)\frac{\partial \varepsilon}{\partial x_j}\right] + \rho_f C_1 S\varepsilon - \rho_f C_2 \frac{\varepsilon^2}{k + \sqrt{v_s}} + C_{1\delta} \frac{\varepsilon}{k} C_{3\delta} G_b \tag{4-6}$$

其中

$$C_1 = \max\left(0.43, \frac{\eta}{\eta + 5}\right) \tag{4-7}$$

$$\eta = (2S_{ij} \cdot S_{ij})^{1/2} \frac{k}{\varepsilon} \tag{4-8}$$

$$S_{ij} = \frac{1}{2}\left[\frac{\partial(v_i)}{\partial x_j} + \frac{\partial(v_j)}{\partial x_i}\right] \tag{4-9}$$

式中　k——单位质量湍流动能;

　　　μ——动力黏度;

　　　G_k——平均速度梯度引起的湍流动能产生项;

　　　G_b——升力湍流动能产生项;

　　　ρ_f——气体密度;

　　　ε——单位质量湍流动能耗散率;

　　　v_s——固体颗粒速度;

　　　$C_{1\delta}$——取经验常数1.44;

　　　C_2——取经验常数1.9;

　　　$C_{3\delta}$——取经验常数0.09。

通过求解上述方程得到连续相流场,如速度和压力分布。用粒子运动方程描述离散相的湍流特性,包括粒子轨迹、攻角和速度扰动[12-13],这个粒子运动方程称为DPM模型,写为

$$\frac{dv_s}{dt} = \frac{C_D Re_{ds}}{24 \tau_t}(v - v_s) + \frac{g(\rho_s - \rho_f)}{\rho_s} + 0.5\frac{\rho_f}{\rho_s}\frac{d(v - v_s)}{dt} \tag{4-10}$$

其中

$$\tau_t = \frac{\rho_s d_s^2}{18\mu} \tag{4-11}$$

$$Re_{ds} = \frac{\rho_f d_{s|v_s-v|}}{\mu} \tag{4-12}$$

$$C_D = \frac{24}{Re_{ds}}(1 + b_1 Re_{ds}^{b_2}) + \frac{b_3 + Re_{ds}}{b_4 + Re_{ds}} \tag{4-13}$$

冲蚀速率表示为

$$e = \sum_{sd-1}^{N_{sd}} \frac{1.8 \times 10^{-9} m_s}{A_f} \tag{4-14}$$

弯管的流致变形由以下方程式控制:

$$M_p \frac{d^2 r}{dt^2} + C_p \frac{dr}{dt} + K_p r + \tau_p = 0 \tag{4-15}$$

流固耦合满足界面上的动力条件：

$$n \cdot \tau_{\mathrm{f}} = n \cdot \tau_{\mathrm{p}} \tag{4-16}$$

式中　　A_{f}——壁面颗粒投影面积；

　　　　C_{D}——牵引系数；

　　　　Re_{ds}——颗粒当量雷诺数；

　　　　τ_{t}——颗粒反应时间；

　　　　v——气体速度；

　　　　v_{s}——固体颗粒速度；

　　　　g——重力加速度；

　　　　d_{s}——固体颗粒直径；

　　　　ρ_{s}——固体颗粒密度；

　　　　ρ_{f}——气体密度；

　　　　μ——动力黏度；

　　　　b_1——取常数 0.186；

　　　　b_2——取常数 0.653；

　　　　b_3——取常数 0.437；

　　　　b_4——取常数 7178.741；

　　　　C_{p}——管道阻尼；

　　　　N_{sd}——颗粒数；

　　　　m_{s}——颗粒质量率；

　　　　r——管道位移；

　　　　M_{p}——管道质量；

　　　　K_{p}——管道刚度；

　　　　τ_{p}——固体应力；

　　　　τ_{f}——流体应力；

　　　　n——流体结构界面法向单位矢量。

　　分别采用有限体积法（FVM）和有限元法（FEM）对流体及管道运动方程进行离散。模拟在 Ansys Workbench 平台上进行，其中 FLUENT 用于计算气固流场，包括基于拉格朗日法的 DPM 离散相计算，并利用 ANSYS 力学分析模块对管道变形进行计算。

　　计算中采用 SIMPLE 算法求解压力—速度耦合，对流项和扩散项分别采用二阶迎风格式和二阶中心差分格式，所有计算的收敛准则设定为每个方程的残差小于 10^{-5}。

2. 模拟条件

　　本节研究了 90° 水平弯管内的气固两相流动，如图 4-2 所示，管道分为三段：前直管段、弯管段和后直管段，前直管和后直管的长度均为 5m。为了分析管径的影响，将管道内径定义为 74.22mm、84.84mm 和 95.00mm，外径（D）分别为 88.90mm、101.60mm 和 114.30mm。将弯管的曲率和直径比（R/D）分别设置为 3、4 和 5，以观察曲率变化的影响。

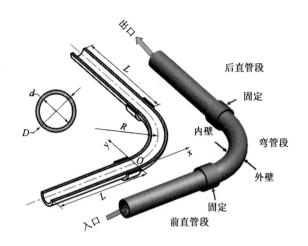

(a)计算域和边界条件

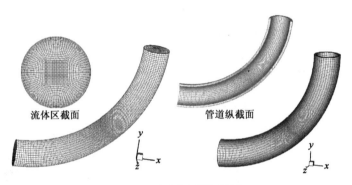

流体区截面   管道纵截面

(b)流体和固体的网格

图 4 - 2   计算域及网格

采用 ICEM - CFD 网格生成器和 ANASYS 网格生成器分别进行流体和固体的几何建模与网格划分。图 4 - 2(b)显示了流体和固体(管道)计算域的网格分布。从横截面上看,流体计算域被划分为五个区域,并使用渐进网格捕捉近壁流动特性。为了控制网格的分布和计算的稳定性,每个区域用六面体单元离散。固体计算域采用均匀的六面体网格,但径向网格密度小于流体计算域。

为保证数值计算结果与网格尺寸无关,选用 5 种不同的网格密度,对外径为 101.60mm、R/D 为 4、入口速度 $v_{in} = 20$m/s 的弯管进行网格分辨率测试,网格生成参数和最大冲蚀速率(e_{max})见表 4 - 1,其中百分比变化显示在括号内。M2 和 M3 两个网格之间的 e_{max} 百分比差异为 6.12%,随着网格数量的增加,这个差异逐渐减小,M3 和 M4 两套网格之间的百分比差异仅为 1.69%。而从 M4 网格系统到 M5 网格系统时,变化率为 0.17%。计算在英特尔(R)酷睿(TM)2 上进行,CPU 为 4GHz,内存为 2GB。M4 和 M5 两套分别消耗 26 个和 45 个 CPU 机时。从 M4 到 M5,CPU 时间增加了 173.08%,而数值结果的最大变化只有 0.17%。因此,最小尺寸为 0.005m 的 M4 网格较好地兼顾了精度和计算成本。

表4-1 网格无关性测试

网格	流域网格数	固体域网格数	e_{max} [kg/(m² · s)]
M1	56931	19678	5.21×10^{-7}
M2	82436	35872	$5.56 \times 10^{-7}(6.72\%)$
M3	101780	43260	$5.95 \times 10^{-7}(6.12\%)$
M4	115579	51000	$6.00 \times 10^{-7}(1.69\%)$
M5	134853	60142	$6.01 \times 10^{-7}(0.17\%)$

气固两相流以均匀的速度入口。通过前直管后,将形成一个充分发展的流动。为了观察入口条件的影响,将入口的气固速度分别设定为20m/s、30m/s和40m/s。计算域出口采用压力出口边界条件,为了便于比较分析,将该值定义为0Pa。管道内壁为无滑移边界条件,气体密度和黏度分别为1.225kg/m³和1.8×10^{-5}Pa·s,固体颗粒密度为1123kg/m³。

如图4-2所示,弯管两端固定,相应的外端面设为固定边界。钢是密度、杨氏模量和阻尼比分别为7850kg/m³、196GPa和0.05的管材。

三、数值结果及讨论

1. 入口速度的影响

弯管内气固两相流动受操作条件、管道结构和颗粒物性等参数的影响。本节首先选择对进口速度的影响进行分析,通过改变入口流速开展模拟,而其他变量不变($D=101.60$mm和$R/D=4$)。

彩图18显示了轴向截面上的压力和气体速度分布,以及管道变形、应力和冲蚀速率的空间分布。结果表明,径向压力梯度随进口流速的增大而增大。当进口流速度为40m/s时,径向压力梯度为4714.76Pa/m,是进口流速为20m/s时的4倍。不同进气速度下,轴向截面上的气流速度分布相似,呈舌状分布。高速区靠近弯管外侧,低速区靠近弯管内侧。

在弯管的30°~50°处观察到最大管道变形(弯管入口设置为0°,弯管出口对应90°),入口流速越大,变形越大。最大值为1.448×10^{-2}μm,出现在入口速度为40m/s的弯管处,均为入口速度为20m/s的3.87倍。弯管应力与管道变形趋势一致,最大值11455Pa出现在入口速度为40m/s时。而入口速率为20m/s时应力仅为3148.8Pa,约为前者的27.49%。

由不同进口速度下弯管壁的冲蚀速率可见,外壁的冲蚀速率远大于内壁,最大冲蚀速率位于外壁的30°~45°处。入口速度越大,颗粒的动能越大,对弯管壁的冲击越大。随着进口流速从20m/s增加到40m/s,最大冲蚀速率由3.4×10^{-7}kg/(m²·s)增加到8.0×10^{-7}kg/(m²·s),冲蚀程度随进口流速的增加而增大,这也与壁面剪切应力相关。

不同入口速度下,沿外壁的壁面剪切应力分布如图4-3所示。当流体进入弯管时,管壁剪切应力略有下降,但很快迅速增加。入口速度越大,壁面剪切应力越大,壁面剪切应力增加速率越快。当进口流速为40m/s时,从弯管进口到出口的壁面剪切应力约增加1.3倍。

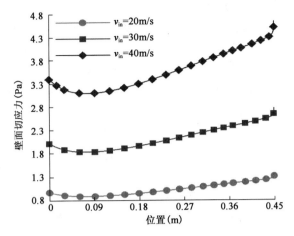

图4-3　不同进口流速下弯管外壁剪应力分布

2. 曲率半径的影响

管道结构是影响弯管内部流动特性的另一个重要参数。不同曲率半径时的流场、变形、应力和冲蚀速率分布如彩图19所示(图中压力是以实际压力为背压的相对压力)。结果表明,曲率半径对流场影响很大。小弯径比弯管压降较大,R/D 为3时为280Pa,是 R/D 为5时的1.4倍。弯径比越小舌形速度等高线的比值越小,长度越长,其主要原因是小弯径比弯管内流道弯曲剧烈,对流动产生较大的离心力。

弯径比越小,流动冲蚀越严重。R/D 为3时,弯管外壁的最大冲蚀速率区域明显增大,但不同弯径比的最大冲蚀速率值相同。随着弯径比的增大,最大冲蚀速率区的位置向上游移动。当 R/D 为3时,约在45°左右,当 R/D 为5时,约在35°左右。

然而,弯管的变形却呈现出相反的趋势。弯径比越大,管道变形越大。由于两端固定,弧长对弯曲变形起着重要作用。如彩图19所示,随着弯径比从3增加到5,最大应力从6087Pa增加到6844.3Pa。

图4-4显示了不同弯径比弯管外壁剪切应力分布。流体进入弯管后,壁面剪切应力下降,最小值出现在距弯头入口下游约0.09m处。但下游壁面剪切应力有较快的增长,增长最快为2.85Pa/m,出现在 R/D 为3的弯管中。

3. 管道直径的影响

彩图20(图中压力是以实际压力为背压的相对压力)显示了管道直径对弯管内流场、变形、应力和冲蚀的影响。不同管径下的压降和速度分布差异不明显。然而,弯管的变形和冲蚀速率随直径的变化而显著变化。随着直径从88.9mm增大到114.3mm,最大变形由 8.7607×10^{-9} m减小到 7.4619×10^{-9} m。三种不同直径弯管的最大应力分

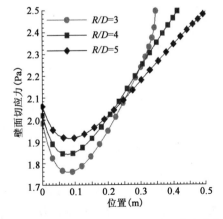

图4-4　不同弯径比弯管外壁剪切应力分布

别为7074.8Pa、6693.9Pa和5929.3Pa。

随着管径的减小,流动冲蚀的严重性增强。当管径从88.9mm增加到114.3mm时,冲蚀速率急剧下降。但从101.6mm增至114.3mm的冲蚀速率降幅大于从88.9mm增至101.6mm的冲蚀速率降幅。

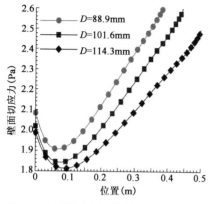

图4-5的壁面剪切应力分布表明,小直径管道受到的剪切应力较大。直径为88.9mm时,沿外壁的剪应力增长率为2.33Pa/m,直径为114.3mm时,沿外壁的剪应力增长率为1.63Pa/m。

不同情况下弯管的无量纲变形和冲蚀速率如图4-6和图4-7所示。结果表明,随着 Re 或 R/d_o 的增加,无量纲变形明显增大,而随着壁厚与弯径比的增大,无量纲变形减小。对于 R/d_o,无因次冲蚀速率无明显变化。随着 Re 的增加,无因次冲蚀速率先增大后无明显变化。随着壁厚与弯径比的增大,无因次冲蚀速率迅速减小。

图4-5 不同直径弯管外壁剪应力分布

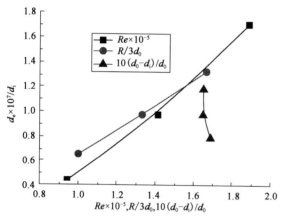

图4-6 不同情况下弯管的无量纲变形

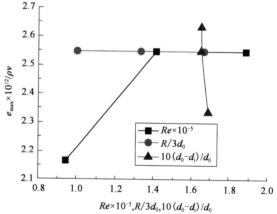

图4-7 不同情况下弯管的无量纲冲蚀速率

基于FSI-CFD和DPM对弯管内的流动变形及冲蚀进行了数值模拟。讨论了入口速度、弯径比和弯管直径对变形及冲蚀速率的影响。根据数值结果和上述分析,可以得出以下结论:

(1)弯管的流场、冲蚀速率和变形与结构尺寸和进口条件相关。但进口流速对弯管变形和流动冲刷的影响大于结构变化(R/D 和 D)对弯管变形和流动冲蚀的影响。

(2)入口流速越大、弯径比越小或管径越小,变形越大;入口流速越慢、弯径比越大、管径越大,可减弱流动冲蚀。

(3)管道最大变形量位于弯管的30°~50°处,最大冲蚀量位于弯管外壁的30°~45°处。随着弯径比的增大,弯管冲蚀区域向上游移动。

第二节 三通管流固耦合分析

一、研究背景

管道系统中的流致变形和流动冲蚀是工业生产密切关注的两个问题,三通管是管道系统的重要组成部分,广泛用于两种管道流动的汇合或分离,改变了流动方向。但是接头处的流场突变容易引起三通管的流动冲蚀和变形,导致三通管使用寿命的缩短。图 4-8 为实际工程中失效三通管照片。从该图可以看出,天然气从三通管泄漏处喷涌而出,这是由流动冲蚀引起的穿孔失效,而图 4-8(b) 的三通管存在明显的变形。因此,三通管中可能同时存在着流动冲蚀和流致变形。以往的管道失效研究主要集中在流致变形[15-17]和流动冲蚀[18-22]两个单独的方面。然而,无论是流致变形还是流动冲蚀都是由流场变化引起的,它们通常是同时存在的。但将这两个方面结合起来考虑的文献还十分有限。

(a)穿孔失效

(b)变形损坏

图 4-8 三通管照片

本研究基于流固耦合计算方法,对石油管道三通管的流动冲蚀和流致变形进行了研究,分析了支管入口流速、支管与主管直径比、三通管夹角对管道流动特性、剪切应力分布和变形的影响,对比了压力、速度、壁面剪切应力、总变形和管道应力等几个重要参数。

二、问题描述及方法

图 4-9 为模拟的三通管示意图,水平直管为主管,长度为 1.4m,下支管长度为 0.7m,主管外径 92mm,内径 87.62mm,支管壁厚 4.38mm。为了分析支管与主管直径比(D_2/D_1)的影响,数值模拟中将支管内径分别定义为 87.62mm、61.334mm 和 43.81mm,分别对应 $D_2/D_1 = 1、0.7$ 和 0.5,将三通管的夹角分别设置为 45°、60°和 90°,以观察夹角的影响。

1. 控制方程

将三通管中的油流视为不可压缩流体,还用三维不可压缩 RANS 方程进行求解,包括连续性方程和动量方程[23-24]:

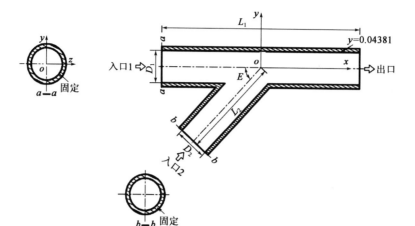

图 4 - 9   计算域和边界条件

$$\frac{\partial \rho_f}{\partial t} + \nabla \cdot (\rho_f v) = 0 \tag{4-17}$$

$$\frac{\partial \rho_f v}{\partial t} + \nabla \cdot (\rho_f vv - \tau_f) = f_f \tag{4-18}$$

其中

$$\tau_f = \left[-P + \left(-g - \frac{2}{3}\mu \right)\nabla \cdot v \right]I + 2\mu e \tag{4-19}$$

$$e = \frac{1}{2}(\nabla v + \nabla v^T) \tag{4-20}$$

式中　ρ_f ——油流密度；

　　　v ——油流速度；

　　　τ_f ——流体作用力；

　　　f_f ——流体的体积力；

　　　P ——压力；

　　　g ——重力加速度；

　　　μ ——动力黏度；

　　　I ——二阶张量。

利用可实现的 $k-\varepsilon$ 湍流模型[25] 封闭流动控制方程：

$$\frac{\partial(\rho_f k)}{\partial t} + \frac{\partial(\rho_f k v_i)}{\partial x_i} = \frac{\partial}{\partial x_j}\left[\left(\mu + \frac{\mu_t}{\sigma_k}\right)\frac{\partial k}{\partial x_j}\right] + G_k + G_b - \rho_f \varepsilon - Y_M \tag{4-21}$$

$$\frac{\partial(\rho_f \varepsilon)}{\partial t} + \frac{\partial(\rho_f \varepsilon v_i)}{\partial x_i} = \frac{\partial}{\partial x_j}\left[\left(\mu + \frac{\mu_t}{\sigma_\varepsilon}\right)\frac{\partial \varepsilon}{\partial x_j}\right] + \rho_f C_1 E\varepsilon - \rho_f C_2 \frac{\varepsilon^2}{k + \sqrt{v\varepsilon}} + C_{1\varepsilon}\frac{\varepsilon}{k}C_{3\varepsilon}G_b$$

$$\tag{4-22}$$

其中

$$C_1 = \max\left(0.43, \frac{\eta}{\eta + 5}\right) \tag{4-23}$$

$$\eta = (2E_{ij} \cdot E_{ij})^{1/2}\frac{k}{\varepsilon} \tag{4-24}$$

$$E_{ij} = \frac{1}{2}\left(\frac{\partial v_i}{\partial x_j} + \frac{\partial v_j}{\partial x_i}\right) \qquad (4-25)$$

式中　k——单位质量湍动能;

σ_k——湍流动能对应的普朗特常数;

G_k——平均速度梯度引起的湍流动能的附加项;

G_b——由升力引起的湍流动能的附加项;

ε——湍流动能单位质量耗散率;

σ_ε——对应湍流动能耗散率的普朗特数;

C_2——常数,取1.9;

$C_{1\varepsilon}$——常数,取1.44;

$C_{3\varepsilon}$——常数,取0.09。

三通管的流致变形由式(4-26)控制[26]:

$$M_s \ddot{r} + C_s \dot{r} + K_s r + \tau_s = 0 \qquad (4-26)$$

流固耦合作用应满足界面上的动力条件:

$$n \cdot \tau_f = n \cdot \tau_s \qquad (4-27)$$

式中　M_s——管道的质量;

K_s——管道的刚度;

r——管道的位移;

τ_s——管道的压力;

n——流体—结构界面法线方向的单位矢量;

τ_f——流体的压力。

2. 数值方法

采用有限体积法对流体控制方程进行离散,而有限元法对固体运动方程进行离散。所有计算均在 ANSYS 14.0 进行,其中 FLUENT 用于计算流场,而 ANSYS 力学分析模块计算管道变形。这两个模块构成了流固耦合计算平台。在模拟中,对流项和扩散项分别采用二阶迎风格式和二阶中心差分格式离散。采用 SIMPLEC 算法求解压力—速度耦合,所有计算的收敛准则设定为每个方程的残差小于 10^{-4}。

3. 计算网格

利用 ICEM CFD 网格生成器和 ANSYS 网格生成器分别进行流体和固体的几何建模与网格划分。如图 4-10 所示,将流体的计算域划分为 6 个区域,并对接头处的三个区域进行更为密集的网格划分。为了控制网格的分布和计算的稳定性,采用六面体单元对每个区域进行划分。如图 4-10(a)所示,在径向方向上采用渐变网格捕获壁面流动特性,如图 4-10(b)所示,固体计算域使用四面体网格划分。总六面体网格数目为 10123,四面体网格数目为 3248。

4. 边界条件

流体计算域的入口和出口分别采用速度入口和压力出口边界条件,主管(入口1)入口速度固定为 20m/s,而支管(入口2)入口速度设为 20m/s、10m/s 及 5m/s,以观察支管入口流速

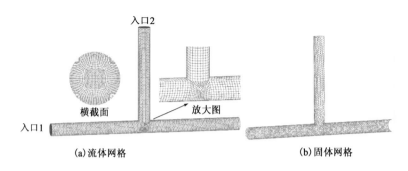

入口2

横截面 放大图

入口1

(a)流体网格 (b)固体网格

图4-10 计算域网格

的影响。为便于比较分析,出口压力设为0Pa。三通管壁为无滑移边界。在模拟中,油品的密度和黏度分别为860kg/m³和1.7×10^{-3} Pa·s。对于管道运动变形,只需固定两个入口截面,如图4-9所示。因此,三通管的其他部分也会受到油流的影响而发生振动位移。管材选用钢材,其密度、杨氏模量和阻尼比分别为7850kg/m³、196GPa和0.05。

三、数值结果及讨论

1. 支管入口速度的影响

彩图21(图中压力是以实际压力为背压的相对压力)为不同支管入口速度下三通管纵剖面的压力和速度分布以及总变形与管道应力。在靠近接头的下游出现明显的低压区,导致了涡流的产生,增加了管壁的流动冲刷次数,由图4-11的接头速度矢量图可以看到低压区出现两个旋涡。支管入口速度越大,负压绝对值越大,随着支管入口速度的降低,压力由80000Pa降至16000Pa。

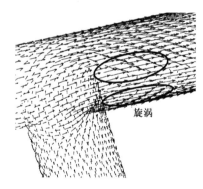

旋涡

图4-11 接头处速度矢量

在支管的汇聚作用下,主管内的油流速度明显增大。从彩图21中可以看出,在交界处产生了一个火焰状的速度轮廓。这种火焰状的速度轮廓向接头的另一侧倾斜,使得作用在管壁上的流体作用力更大。而主管的最大速度并非两个入口速度的简单相加,例如主管入口速度和支管入口速度都是20m/s时,汇聚后的最大速度是55m/s。原因是流体在截面上分布不均匀,在接头下游有较多的流体向侧壁挤压,如火焰状速度轮廓所示。经过管壁的反射后,最大速度轮廓基本出现在出口的管轴线上。

由于管壁受到流体作用力,管道存在明显变形,尤其是出口端。最大总变形为323.14μm,发生在支管流速为20m/s时支管流量为5m/s,管道的变形为77.039μm。管道的应力与总变形趋势一致,随着支管入口流速从20m/s降至5m/s,管道的最大应力从88.762MPa降至25.964MPa。

为了便于对比分析,选取主管纵剖面上的一条直线($y = 0.04381$,图4-9),绘制主筒内的壁面剪切应力分布。图4-12为不同支管入口速度下沿主管的壁面剪切应力分布。在不同支管流速条件下,接头上游的壁面剪应力相等。然而,连接处下游一小段距离处,壁面剪应力急剧增大,最大应力出现在 $x=0.11$ 处,即接头后 0.11m 处。支管入口速度越大,壁面最大剪应力越大。因此,在 $x=0.11$ 时,流动冲蚀较为严重,特别是对于较大支管入口速度。由于壁面剪切应力与流速成正比,受流速分布的影响,壁面剪切应力随流速的增大而减小。但在出口处,壁面剪切应力值仍大于接头处。因此,与上游相比,接头下游管内的流动冲蚀更为严重。

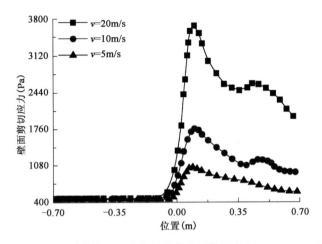

图 4-12　不同支管入口速度下管道壁面剪切应力($y=0.04381$)

2. 直径比率的影响

在实际应用中,为了引入不同的流量,支管的直径通常与主管的直径不同。彩图 22(图中压力是以实际压力为背压的相对压力)给出了管径比对管道流场和总变形的影响,可以看出,负压绝对值随支管直径的减小而减小,其原因是支流流量与管径的平方成正比。直径比越小,流入主管的流体体积越小,汇聚后的总质量流量较小。因此 $D_2/D_1-0.5$ 时的最大速度只有 $D_2/D_1=1$ 时的 56.4%,在 $D_2/D_1=0.5$ 时,火焰状的速度轮廓不再明显。

管道总变形随 D_2/D_1 从 1 降至 0.7 而急剧下降,而随 D_2/D_1 从 0.7 到 0.5 的变形量下降幅度不明显。小直径比意味着支管流动动能小,作用在主管上的冲击力小,所以直径比越大,变形越大。$D_2/D_1=1$ 时,最大应力为 88.762MPa。而当直径比降至 0.5 时,仅为 15.824MPa。

无论是降低支管的流速还是减小支管的直径,都可以减小注入流量,从而减小作用在主管上的冲击力,减小总变形,而减小支管直径的效果更加明显。

图 4-13 为不同直径比下的管壁剪切应力分布,三条曲线有相似的变化趋势。直径比越小,壁面最大剪切应力越小。因此,减小支管直径是减少管道流动冲蚀的有效方法。

3. 夹角的影响

汇聚角对管道流场分布和总变形的影响如彩图 23 所示(图中压力是以实际压力为背压的相对压力)。从纵剖面压力分布可以看出,随着夹角的减小,接头后的低压区面积明显减小。45°夹角的负压绝对值约为 90°夹角的66.67%。夹角越小,主管的压降越小。随着夹角的减小,火焰形状速度轮廓的宽度增大,而最大速度随着夹角的减小而减小。45°融合角最大速度为 45m/s,比 90°融合角最大速度小 10m/s。

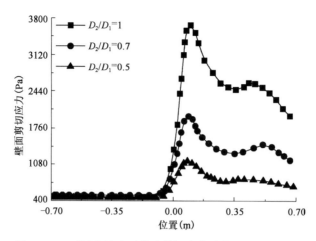

图4-13 不同直径比下管壁剪切应力分布($y=0.04381$)

60°夹角和45°夹角的最大总变形分别是287.23μm和250.23μm，夹角越小，最大总变形越小。这是因为垂直于管道表面的冲击力随着夹角的减小而减小。但是需要指出的是，与90°和60°的夹角相比，60°和45°夹角的差异并不明显。因此，减小汇聚角可以在一开始就减小变形，但当汇聚角小于一定值时效果不明显。

这一结果也在图4-14中得到体现，图中显示了不同夹角下沿主管道的壁面剪切应力分布，夹角为60°时的最大剪力比夹角为90°时的低27.58%，而45°夹角的最大剪力仅比60°夹角的低13.44%。

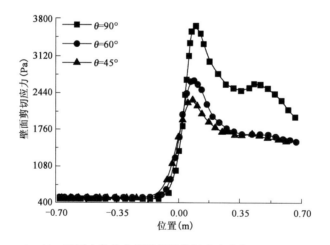

4-14 不同夹角的主管道管壁剪切应力分布($y=0.04381$)

本节采用流固耦合计算方法，研究了输油三通管的流动冲蚀和流致变形。通过对数值结果的分析，可以得出以下结论：

(1)结构变化(包括支管直径的变化和夹角的变化)和支管入口速度的变化都对流场和管道变形产生影响。较高的入口流速或90°的夹角会导致更严重的流动冲蚀和更大的变形。

(2)接头下游管内的流动冲蚀比接头上游的流动冲蚀更为严重，解释了三通管失效为何总是发生在接头下游。

— 70 —

（3）在注入流量较小的情况下，减小支管直径是减小管道流动冲刷、减小流致变形的有效方法。当两个入口的流量相等时，减小夹角也可以一定程度减小冲蚀及变形。

第三节　U形管的流动冲蚀

由两个90°弯头组成的U形管广泛应用于海上采油系统中，用于输送含砂油流和调节流向，是易磨损部件之一。本节主要研究液固两相流的流动冲蚀和U形管中的颗粒运动轨迹。采用基于欧拉—拉格朗日方法的计算流体力学——离散相模型（CFD—DPM）求解液固两相流，由冲蚀模型预测冲蚀区域与冲蚀速率。

一、研究背景

在海洋油气开采过程中，地层松散的砂粒总是随着生产流体[27]从地层流入井筒。虽然在油气井中使用了防砂筛网，但是为了达到足够的日产量，筛网的尺寸不能过小，以免造成过大的阻力与压力损失，所以在井流中常夹带着细小的砂粒。这些砂粒不断撞击油管、阀门和输送管道内壁，造成局部构件冲蚀破坏，进而导致严重的经济损失和环境污染问题。在井筒流动过程中，弯头和U形管由于流动方向的显著变化而容易受到冲蚀损伤[28-30]。例如，1993年至2001年间，生产平台和钻井设备发生了多次弯头失效故障[31-32]。因而，在过去的几十年里，弯头冲蚀得到了广泛的研究[33-38]。但是，以往的文献大多关注于携砂气流引起的冲蚀，而携砂液流对U形管的冲蚀研究报道较少。

流动冲蚀取决于多种因素，如流速、颗粒质量流量、冲击角、颗粒特性（形状、锐度和尺寸）和靶面材料特性（硬度和延展性）等[39]。对于携带颗粒的气流冲蚀问题，人们进行了大量的实验研究[31,39,40]。然而，所获得的信息仅限于最大冲蚀速率和若干分散位置的冲蚀速率。自20世纪90年代以来，计算流体力学（CFD）被广泛运用于颗粒冲蚀研究，其优势在于可以计算出考虑更多因素的三维冲蚀分布。冲蚀计算往往分为三个步骤：求解流场、跟踪流域中的颗粒、基于颗粒的冲蚀模型计算冲蚀速率等信息[41-42]。Duarte等数值预测了90°弯头在携砂气流作用下的冲蚀。Zhou等研究了颗粒形状对稀疏相气力输送弯头冲蚀的影响。Karimi等[39]计算了不同形状弯头的携砂水射流引起的冲蚀。Peng&Cao[43]对携砂水流作用下90°弯头的管径、入口速度、弯角、颗粒质量流量和直径对冲蚀的影响进行了数值研究。Wang等[28]研究了在携砂水流作用下，颗粒特性和弯头方向对弯头最大冲蚀位置的影响。Parsi等[44]研究了气—水两相流作用下弯头的颗粒冲蚀情况。然而，由于承载颗粒流体的黏度不同，携砂油流引起的冲蚀与携砂气流或携砂水流必然不同。

预测冲蚀速率和确定冲蚀位置有助于减少不必要的管道维护开支。由于携砂油流冲蚀的实验研究有一定的挑战度，且成本较高。因此，本节采用CFD数值模拟方法，对U形管输送携砂油流的流动冲蚀进行研究，对比分析原油流速、颗粒浓度和尺寸对冲蚀的影响。

二、问题描述及方法

如图4-15所示，本节研究对象为水平U形管，直径 $D_0 = 73mm$，曲率半径 $R = 250mm$。

上、下直管段长度均为 0.7m,直径与弯头相同。弯管壁面粗糙度为 0.01mm,重力加速度沿 z 轴负向。U 形管由碳钢制成,密度为 7700kg/m³,维氏硬度为 1.34GPa,泊松比为 0.3。流体为轻质油,密度为 750kg/m³,动力黏度为 0.0312Pa·s,砂粒密度为 2600kg/m³,颗粒形状因子(圆度)为 0.85,定义为:

$$\varphi = \frac{s}{S} \qquad\qquad (4-28)$$

式中　s——与粒子体积相同的球体的表面积;

　　　S——粒子的实际表面积。

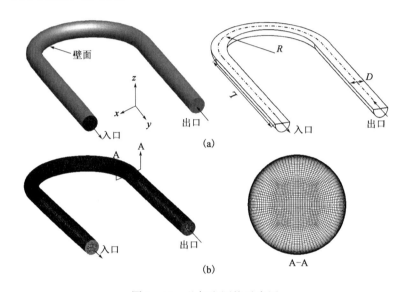

图 4-15　几何和网格示意图

颗粒直径范围为 0.01~0.8mm,相关物理参数见表 4-2。

表 4-2　物理性质

参数	流体(油)	颗粒(砂)	U 形管(钢)
密度 ρ, kg/m³	750	2600	7700
黏度 μ_o, Pa·s	0.0312		
颗粒直径 d_p		0.01~0.8	
颗粒粗糙度 φ		0.85	
维氏硬度 Hv(GPa)			1.34
泊松比 v_p			0.3

油流进口速度范围为 1.2~2.0m/s,每间隔 0.1m/s 取为一个工况。将入口注入的砂粒体积分数(颗粒浓度)设定为 0.9%。颗粒的平均直径为 0.1~0.5 mm。由于携砂流属于稀疏流,采用 CFD—DPM(计算流体动力学—离散相模型)进行计算[45-48],共 17 组,见表 4-3。入口设为均匀流速 $v = v_{oin}$,入射颗粒与油流速度相同。管道出口压力设为 0Pa,而管壁采用无滑移边界条件。

表 4 - 3　模拟组次

项目	v_{oin} (m/s)	V_{pin} (%)	Q_{mp} (kg/s)	$\bar{d}_{\text{p}}$ (mm)	N_{p}
1	1.2	0.9	0.117	0.3	3.2×10^6
2	1.3	0.9	0.127	0.3	3.5×10^6
3	1.4	0.9	0.137	0.3	3.7×10^6
4	1.5	0.9	0.147	0.3	4.0×10^6
5	1.6	0.9	0.157	0.3	4.3×10^6
6	1.7	0.9	0.166	0.3	4.5×10^6
7	1.8	0.9	0.176	0.3	4.8×10^6
8	1.9	0.9	0.186	0.3	5.1×10^6
9	2.0	0.9	0.196	0.3	5.3×10^6
10	1.6	0.3	0.052	0.3	1.4×10^6
11	1.6	0.6	0.104	0.3	2.8×10^6
12	1.6	1.2	0.209	0.3	5.7×10^6
13	1.6	1.5	0.261	0.3	7.1×10^6
14	1.6	1.8	0.313	0.3	8.5×10^6
15	1.6	2.1	0.365	0.3	9.9×10^6
16	1.6	2.4	0.418	0.3	1.1×10^7
17	1.6	2.7	0.470	0.3	1.2×10^7
18	1.6	0.9	0.157	0.10	1.2×10^8
19	1.6	0.9	0.157	0.15	3.4×10^7
20	1.6	0.9	0.157	0.20	1.4×10^7
21	1.6	0.9	0.157	0.25	7.4×10^6
22	1.6	0.9	0.157	0.35	2.7×10^6
23	1.6	0.9	0.157	0.40	1.8×10^6
24	1.6	0.9	0.157	0.45	1.3×10^6
25	1.6	0.9	0.157	0.50	9.2×10^5

采用 CFD—DPM 欧拉—拉格朗日方法求解 U 形弯管的携砂油流,其中非定常雷诺平均纳维—斯托克斯方程(URANS)为用于计算油流,而用拉格朗日方法的离散相模型(DPM)跟踪砂粒。

由质量守恒和动量守恒方程组成的 URANS 方程可以参见众多 CFD 文献[49-52],这里在动量守恒方程中引入动量源项来描述流体与固体之间的动量传递:

$$S_{\text{M}} = \frac{\sum (f_{\text{D}} + f_{\text{P}} + f_{\text{G}} + f_{\text{VM}}) Q_{\text{mp}} \Delta t}{V_{\text{cell}}} \qquad (4-29)$$

式中　f_{D}——阻力;

　　　f_{P}——压力梯度力;

　　　f_{G}——浮力;

f_{VM}——虚拟质量力；

Q_{mp}——颗粒质量流量；

Δt——时间步长（0.001 s）；

V_{cell}——一个网格单元的体积。

此外，利用可实现的 $k - \varepsilon$ 湍流模型使方程组封闭，可参考 Kimura 和 Hosoda[53]、Rohdin 和 Moshfegh[54] 以及 Zhu 等[55] 的著作。

根据牛顿第二定律，基于粒子受力平衡来描述粒子的运动方程：

$$\frac{\mathrm{d} v_p}{\mathrm{d} t} = f_D + f_P + f_G + f_{VM} \qquad (4-30)$$

其中

$$f_D = \frac{C_D Re_s}{24 \tau_t}(v - v_p) \qquad (4-31)$$

$$f_P = \left(\frac{\rho_0}{\rho_p}\right)\nabla P \qquad (4-32)$$

$$f_G = \frac{(\rho_p - \rho_0)}{\rho_p}g \qquad (4-33)$$

$$f_{VM} = \frac{\rho_0}{2\rho_s}\frac{\mathrm{d}(v - v_s)}{\mathrm{d}t} \qquad (4-34)$$

$$Re_s = \frac{\rho_0 d_p |v_p - v|}{\mu_0} \qquad (4-35)$$

$$\tau_t = \frac{\rho_s d_p^2}{18 \mu_0} \qquad (4-36)$$

$$C_D = \frac{24}{Re_s}(1 + n_1 Re_s^{n_2}) + \frac{n_3 Re_s}{n_4 + Re_s} \qquad (4-37)$$

$$n_1 = \exp(2.3288 - 6.4581\varphi + 2.4486 \varphi^2) \qquad (4-38)$$

$$n_2 = 0.0964 + 0.5565\varphi \qquad (4-39)$$

$$n_3 = \exp(4.905 - 13.8944\varphi + 18.4222 \varphi^2 - 10.25599 \varphi^3) \qquad (4-40)$$

$$n_4 = \exp(1.4681 - 12.2584\varphi + 20.7322 \varphi^2 - 15.8855 \varphi^3) \qquad (4-41)$$

式中　　v——油流速度矢量；

v_p——颗粒速度矢量；

t——时间；

ρ_0——油的密度；

ρ_p——颗粒的密度；

P——静压；

g——重力加速度；

Re_s——粒子雷诺数；

τ_t——粒子弛豫时间；

C_D——阻力系数；

d_p——粒子的直径；

μ_0——石油动态黏度；

n_1,n_2,n_3 和 n_4——颗粒形状的相关系数[56-57]。

当颗粒撞击管壁时,会产生动量损失,Wakeman&Tabakoff[58]定义了一个恢复系数来描述这一损失,该系数是粒子的反弹速度与碰撞速度之比。通常用法向系数(e_n)和切向系数(e_t)来描述颗粒的反弹。Forder 等[59]基于射流冲蚀钢板的实验数据,建立了颗粒回弹模型,本研究采用其回弹模型进行预测:

$$e_n = 0.988 - 0.78\alpha - 0.19\,\alpha^2 - 0.024\,\alpha^3 + 0.027\,\alpha^4 \tag{4-42}$$

$$e_t = 1 - 0.78\alpha + 0.84\,\alpha^2 - 0.21\,\alpha^3 + 0.028\,\alpha^4 - 0.022\,\alpha^5 \tag{4-43}$$

式中 α——粒子反射角。

在得到液固两相流场后,由冲蚀模型和颗粒的反弹信息来计算冲蚀速率。常见的冲蚀模型有 Finnie 冲蚀模型[60-61]、Oka 冲蚀模型[62-63]、E/CRC(冲蚀/腐蚀研究中心)冲蚀模型[74]和 Ahlert 冲蚀模型[64]。本节采用 Oka 冲蚀模型进行预测,其表达式见式(2-53)[62-63]。

采用商业软件 ANSYS Fluent 平台将冲蚀模型和粒子反弹模型通过用户定义函数(UDF)[65]嵌入解算器。分别采用二阶迎风和二阶中心差分格式对 URANS 方程的对流项和扩散项进行离散[66]。同时,采用 SIMPLE 算法对压力和速度进行耦合。通过粒子反弹模型得到粒子的碰撞信息,将颗粒冲击信息应用于冲蚀模型[67],计算得到冲蚀速率。

流体与颗粒的耦合有两种方法。第一种是单向耦合,是将颗粒注入已发展充分的流场,在稳态流场中对颗粒进行跟踪。第二种是认为流场和颗粒均处于非稳态运动,进行双向耦合。彩图 24 对比了两种耦合方法下组次 5 的数值结果。在双向耦合时,每一时间步向流场注入 7000 个颗粒,共跟踪 4.3×10^6 个颗粒。而单向耦合跟踪的粒子总数与之相同。结果表明,两种方法计算的冲蚀分布和颗粒运动轨迹基本相同。单向耦合计算的最大冲蚀速率为 3.14×10^{-9} kg·m^{-2}·s^{-1},与双向耦合计算的最大冲蚀速率相差 3.98%。为了节省计算时间,这里采用单向耦合进行预测计算。

将整个计算区域划分为六面体单元,如图 4-15 所示。边界层共划分 40 层,网格增长因子取为 1.05,第一层网格的厚度为 0.1mm,等于最小平均粒子[68-69],满足 $y^+ = 1$,y^+ 表示为

$$y^+ = \frac{\rho_0 y\, \mu_\tau}{\mu_0} \tag{4-44}$$

$$\mu_\tau = \sqrt{\frac{\tau_w}{\rho_0}} \tag{4-45}$$

式中 y——第一层网格的厚度；

u_τ——摩阻速度；

τ_w——壁剪切应力。

表 4-4 列出了网格无关性验证的五个代表性网格的计算结果,百分比变化说明了两个相邻网格系统计算结果的差异。G1 与 G2 网格结果最大差异为 27.52%,而到 G5 时最大差异为降为 0.96%。表明,网格由 G4 增长至 G5 时,计算结果变化幅度仅为 0.96%,但相应的 CPU 计算时长增加了 263.4%。因此,G4 是兼顾精度和计算成本的较优选择,其网格单元总数为 1506014 个。

表 4 - 4　网格无关性验证

网格	网格数量	$e_{max}\left[\ kg/(m^2 \cdot s)\right]$	
		值	百分比
G1	375144	2.18×10^{-9}	—
G2	851123	2.78×10^{-9}	27.52%
G3	1313277	3.06×10^{-9}	10.07%
G4	1531260	3.14×10^{-9}	2.61%
G5	2506014	3.11×10^{-9}	0.96%

三、数值结果及讨论

彩图 25(图中压力是以实际压力为背压的相对压力)为不同入口流速下 U 形管内压力沿轴向的分布情况,可以清楚地看到,流体进入 U 形管后,压力分布变得不均匀。由于离心力的作用,弯管的内、外壁存在一定的压差,且外壁的压力相对较高,其压力梯度沿流动方向不断变化。入口速度越大,压力梯度则越大。由于压差的影响,U 形弯头形成了二次流,使得管内颗粒运动变得更加复杂。通过 U 形弯头后,油流在下游直管中,压力又逐渐恢复到均匀分布。然而,对于流速较高的油流,恢复到均匀分布则需要更长的时间。此外,随着入口速度的增加,压降逐渐增大,整个管内压降随进口速度的增加几乎呈线性增长,其增长速度约为 2.47kPa·s·m^{-1}。彩图 25 还给出了由伯努利方程计算得到的压降。数值计算结果与理论计算结果的一致性进一步验证了所采用模型的精确性。

彩图 26 为不同入口流速管道进、出口和 U 形管中 5 个典型横截面的流速分布,可见在流场入口,流速分布与定义的均匀流速一致。然后油流在上游直管中不断发展,在弯道进口处已发展成同心圆的速度等值线分布,近壁面相对较低的流速是由油流的黏度引起的。

含砂油流进入 U 形管时,由于离心力、惯性力和压差的共同作用,速度分布变得不均匀。在弯管的跨中处,高速区偏向外侧壁,产生二次流。垂直于弯管壁面的速度梯度随进口速度的增加而增大。在弯管出口处,虽然离心力作用减弱,但流速分布仍不均匀,呈半月形。这种不均匀分布一直保留至下游直管段,但呈减弱趋势。在较小入口速度时($v_{oin} = 1.3$m/s 和 1.5m/s),速度分布在计算域出口处演变回同心圆。而在较大入口速度时($v_{oin} = 1.7$m/s 和 1.9m/s),出口仍然存在非均匀分布。压力与速度分布均表明,高速液固两相流动对 U 形管的影响更大。

彩图 27 为不同入口速度时的管内冲蚀分布及相应的颗粒轨迹,可见冲蚀主要发生在 U 形管的外表面、弯管的下表面和下游直管的下表面三个部位。首先,U 形管的外侧壁存在两个严重的冲蚀带,分别出现在 $40° \leqslant \theta \leqslant 80°$($0°$、$180°$代表 U 形管的进口和出口),对应于第一个 $90°$弯头,和 $110° \leqslant \theta \leqslant 150°$,对应于第二个 $90°$弯头。第一个撞击区域发生在第一个 $90°$弯头处,类似于颗粒对单个 $90°$弯头的冲击,这主要是由颗粒的惯性力引起的。然而由于原油黏度相对较高,参与第一次撞击的颗粒个数相对第二个撞击区域少,第二个 $90°$弯头处的冲蚀比第一个弯头更严重。

如彩图 28 所示,在第二个弯管外壁附近聚集了更多的颗粒,这与流速分布密切有关。因此,与第一个90°弯头相比,参与第二个90°弯头撞击的颗粒个数更多。此外,与撞击第一个90°弯头的颗粒相比,撞击第二个90°弯头的颗粒速度相对较大。因而,在第二个90°弯头上造成了更严重的冲蚀。

其次,由于重力作用,大直径颗粒聚集在弯道底部,导致U形管下表面冲蚀更严重。冲蚀主要集中在30°~140°范围内,且进口速度越大,冲蚀区域越大。

最后,大多数颗粒从弯管的外表面反射到下游直管中。由于重力和惯性力的共同作用,大部分砂粒在下游管道的外表面和下表面附近移动。因此,冲蚀主要发生在下游直管的下表面。

最大冲蚀速率与入口速度的关系如图4-16所示,最大冲蚀速率近视呈指数增长。在 $v_{oin} = 1.2$ m/s 时,最大冲蚀速率为 1.06×10^{-9} kg/($m^2 \cdot s$),而在 $v_{oin} = 2.0$ m/s 时,最大冲蚀速率几乎增大了6倍。因此,油流输送速度不能太高,以免更为严重的冲蚀。

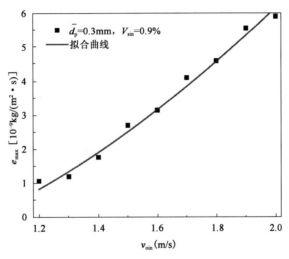

图4-16 在 $V_{sin} = 0.9\%$、$\bar{d}_p = 0.3$ mm 时最大冲蚀速率与入口流速的关系

本研究的颗粒尺寸满足罗森—拉姆勒分布。在 0.01~0.8mm 范围内检测了9种不同的平均粒径。不同直径粒子对应的概率密度如图4-17所示。当粒子的质量流量固定时,平均粒径越小,小颗粒浓度则越大。对 $\bar{d}_p = 0.1$ mm 而言,直径为 0.1 mm 粒子的概率密度为 85.8%,而直径为 0.8mm 粒子数量接近0。

彩图29为不同平均粒径颗粒引起的冲蚀及相应的轨迹。结果表明,9种不同平均粒径颗粒均引起U形外壁的两个严重冲蚀区,然而,随着平均粒径的增加,冲蚀变得更加严重。在 $\bar{d}_p = 0.1$ mm 时,沿外壁面分布有多个冲蚀点。当平均粒径从 0.1mm 增大到 0.3mm,冲蚀点的尺寸逐渐增大,相邻冲蚀点间距减小。此外,在 $\bar{d}_p = 0.3$ mm 时的下游直管也出现了明显的冲蚀。当平均直径从 0.3mm 增加 0.4mm,更多的U形管外表面和下游直管表面出现冲蚀区,在 $\bar{d}_p = 0.4$ mm 时冲蚀区相互连接成一条冲蚀带。冲蚀带的宽度随颗粒平均粒径的增大进一步增加。

图4-18为最大冲蚀速率与平均粒径之间的关系。可以看出,$\bar{d}_p = 0.1$ mm 时冲蚀速率相对较小,尽管其粒子数量最多,主要原因是小颗粒撞击的能量偏小。冲蚀速率随平均粒径的增

大而逐渐增大,最大冲蚀速率达到 9.91×10^{-9} kg/(m² · s)。

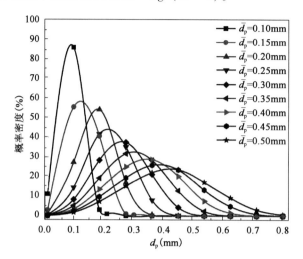

图 4-17 不同平均粒径时不同粒径粒子的概率密度

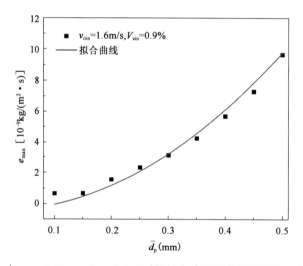

图 4-18 在 $v_{oin}=1.6$m/s、$V_{sin}=0.9\%$ 时的最大冲蚀速率与平均粒径之间的关系

本节对 U 形管携砂油流的颗粒冲蚀进行了数值模拟研究,主要得到以下结论:

(1)U 形管内压力和速度分布变得不均匀,其不均匀程度沿流动方向逐渐减弱,但仍保留至下游管道。严重冲蚀区主要出现在三个部位。由于流动方向的改变,U 形管外壁的冲蚀是由颗粒撞击引起的。大直径颗粒集中于底壁附近,导致 U 形弯管下表面及下游管道产生了严重的冲蚀。

(2)两个严重冲蚀区分别发生在 $40° \leqslant \theta \leqslant 80°$ 和 $110° \leqslant \theta \leqslant 150°$ 的 U 形管的外拱壁。受主相速度分布的影响,颗粒在第二个 90° 弯头处比第一个 90° 弯头处的速度更大,且更多的颗粒参与了撞击,因而导致了更加严重的冲蚀。

(3)冲蚀速率与流速和粒径相关。流速与粒径的增大均导致颗粒冲击动能的增加,从而加剧了冲蚀。相比之下,随着粒径的增大,冲蚀速率增大相对更快。

数值计算结果可为防砂措施的选择提供参考。例如,筛网尺寸可以根据颗粒直径来确定,而合适的流速由泵来调节控制。但必须指出,由于颗粒冲蚀是由多个参数共同决定的,还需要进一步研究才能得出更精确的定量关系。

第四节　排砂管线的冲蚀及变形

气井排砂管线承担着及时排放高压携砂气流的重任,以确保气井的安全测试与试采。然而,试采时的气体排量通常是波动的,加剧了排砂管线的流动冲蚀与流致振动。本节通过数值模拟分析气体排量波动幅度和波动周期对排砂管线流动冲蚀与流致振动的影响。

利用非定常雷诺时均 Navier – Stokes 方程(URANS)描述连续相的流动特性(可压缩气体),用离散相模型(DPM)描述固相颗粒(砂粒)的运动和轨迹。由经验模型和流固耦合(FSI)模型分别计算冲蚀速率与流动引起的排砂管线振动位移。

一、研究背景

在试井和开采过程中,应及时将高压高速携砂流从排砂管线排出[70]。由于井场空间限制和大型设备整体布局,排砂管线不得不拐弯以绕过设备和其他障碍物。因而,弯头的引入导致了携砂气流流动方向的变化,从而容易引起管道振动与冲蚀磨损[73]。高压气井排出的气量通常为$(20 \sim 150) \times 10^4 \mathrm{m}^3/\mathrm{d}$。由于气体排量较大,可压缩气流通过排砂管线会不断膨胀,通常在出口处会达到声速。因为实际井场排砂管线的末端往往没有固定,所以这样的高速气流极易导致弯管下游管道出现大幅度摆动。由于试井和开采过程中的不稳定性,气体排量通常是波动的,这更加剧了管线的振动。管线的大幅度摆动对施工产生巨大威胁,曾有打伤人员的先例。

由于绝大多数气井都一定程度伴随地层出砂。砂粒通过高速气流进入排砂管线运移,在弯头部位,颗粒的惯性导致它们偏离流线并撞击在管壁上[75,84]。这样的高速携砂气流不断撞击后,弯管部位会发生严重冲蚀,致使其寿命显著缩短。一旦管线因冲蚀而失效,不仅会增加维护成本,还会破坏当地环境。特别是高含硫气井,管线故障可能会造成灾难性的后果。因此,迫切需要综合分析高压高速携砂气流在排砂管线中的流动冲蚀和流致振动现象。

流致振动是典型的流固耦合问题,大量学者开展了内部流动或外部流动引起的管道振动研究[71,97,107,113,114]。研究发现,当内部流速超过临界值时,会引起管道振动。如 Paidoussis[93-94] 所述,管线的结构频率随着内部流量的增加而减小,当流速超过临界值时存在屈曲不稳定现象。Modarres 和 Paidoussis[90] 推导了非线性运动方程来描述输流管道的非线性响应。Jin、Wang 和 Ni、Wang 等[83,105,106]通过数值研究,验证了管线输送流体的不稳定性和复杂的动力学响应问题。Xu 和 Yang[108-109]探讨了内部流动诱导共振的机制,并确定了最小临界流速。然而,上述研究的对象是直管段,并且管道的两端是固定或铰接的。很少有文献分析过位于弯头下游管道的自由振动,此外管道中的高压高速携砂气流的特殊性进一步增加了该问题的复杂性。

弯管、三通等流道改向或截面变化管件的流动冲蚀问题已有很多相关的研究[79,99,101,102,112,123]。管道中流体的性质、颗粒的含量及颗粒尺寸被认为是影响流动冲蚀的关键因素[74,78,88,89,103]。Zeng 等[111]通过阵列电极技术实验研究了 X65 弯头的冲蚀行为,利用 CFD 模拟,弥补了实验无法监测的信息。现有的经验模型 Oka 和 Yoshida、Zhang 等[92,115]大多基于喷砂射流实验,这些实验是在大气压或低压环境下开展的。而高压气流在管道内是可压缩的,其密度和速度沿着管程变化,速度甚至可以达到声速,远比常压环境下的流动复杂。

目前,很少有同时考虑流动冲蚀和流致振动的研究报道。在笔者团队的研究中,发现冲蚀和振动之间存在相互影响[120-122,124]。由于高压气井排砂管线的复杂冲蚀,开展管线的流动冲蚀和流致振动实验研究面临巨大的挑战。CFD 方法已经证明了其模拟多相流的可行性[76,100,116-118]。关于流动冲蚀或流致振动方向的 CFD 分析也有大量报道[78,83,92,104-106,111,115,123-124]。然而,这些研究的流体大多稳定流动,居于定常流。研究中,采用离散相模型(DPM)和 FSI 数值方法耦合分析非定常高压高速携砂气流对排砂管线的流动冲蚀和流致振动作用。

二、问题描述及方法

选择如图 4-19 所示的三维水平弯头作为计算域,包含三个部分:前直管,弯管和后直管。前直管和后直管的长度分别为 $L_1 = 5m$ 和 $L_2 = 20m$,两个直管通过 90°弯头连接,弯头的曲率半径与管径比为 1.25。管道的外径(d_o)为 73mm,壁厚(δ)为 4mm。

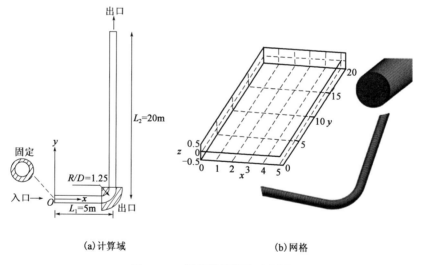

(a)计算域   (b)网格

图 4-19　计算域及网格示意图

设入口平均流量为 800000m³/d,波动流量为 50000～250000m³/d,波动周期为 2～10s。离散相颗粒含量固定为平均流量的 5%(重量百分比),具体的模拟参数见表 4-5,表中的入口体积流量是标准状态(101325Pa 和 293.15K)下的数值。

表 4 – 5 模拟组次

组次	平均流量(标准状态,$10^4 m^3/d$)	平均质量(kg/s)	颗粒浓度(平均流量的质量分数,%)	流量的波动幅度(标准状态,$10^4 m^3/d$)	波动周期(s)
1	80	5.556	5	0	0
2	80	5.556	5	5	2
3	80	5.556	5	10	2
4	80	5.556	5	15	2
5	80	5.556	5	20	2
6	80	5.556	5	25	2
7	80	5.556	5	5	4
8	80	5.556	5	5	6
9	80	5.556	5	5	8
10	80	5.556	5	5	10

入口气体的质量流量定义为

$$Q_m = \frac{\rho_{ga} Q_V}{24 \times 3600} \tag{4-46}$$

式中 Q_m——质量流量;

     ρ_{ga}——气体在标准状态下的密度;

     Q_V——体积流量。

作为背景参数组,第 1 组的流量为恒定值,不随时间波动。

表 4 – 6 给出了流体和管道的主要物性参数。为了便于计算和比较,视砂粒为均匀直径的球形颗粒,并仅考虑压力梯度力和阻力的作用。

表 4 – 6 流体和管道的物性参数

项 目	流体(天然气)	砂 粒	管线(钢)
密度(kg/m^3)	0.6(标准状态)	2320	7850
动态黏度(Pa·s)	1.087×10^{-5}		
粒径(mm)		0.01	
杨氏模量(GPa)			2×10^{11}
泊松比			0.3

1. 控制方程

采用欧拉—拉格朗日方法捕获气流的流动特性并跟踪砂粒的运动轨迹,由非定常雷诺时均 NS 方程描述连续相(可压缩气体)的流动特性,而离散相模型(DPM)描述离散颗粒的轨迹。

气固两相流动的湍流模拟选择 Realizable $k - \varepsilon$ 模型。该模型动能(k)及其能量耗散率(ε)传输方程可以在文献[86,98,124]中找到。

DPM 模型的粒子运动方程表示为

$$\frac{dv_p}{dt} = \frac{C_D Re_p}{24 \tau_t}(v_g - v_p) + \frac{g(\rho_p - \rho)}{\rho_p} + 0.5 \frac{\rho}{\rho_p} \frac{d(v_g - v_p)}{dt} \tag{4-47}$$

其中

$$\tau_t = \frac{\rho_p d_p^2}{18\mu} \qquad (4-48)$$

$$Re_p = \frac{\rho d_p |v_p - v_g|}{\mu} \qquad (4-49)$$

$$C_D = \frac{24}{Re_p}(1 + n_1 Re_p^{n_2}) + \frac{n_3 Re_p}{n_4 + Re_p} \qquad (4-50)$$

式中　v_p——粒子的速度；

　　　C_D——阻力系数；

　　　Re_p——粒子的等效雷诺数；

　　　τ_t——粒子松弛时间；

　　　v_g——气流的速度；

　　　ρ_p——颗粒密度；

　　　ρ——气体的密度；

　　　μ——气体的动态黏度；

　　　d_p——颗粒的直径；

　　　n_1——常数，0.186；

　　　n_2——常数，0.653；

　　　n_3——常数，0.437；

　　　n_4——常数，7178.741[79,91,96]。

这里采用式(4-51)所示的经验冲蚀模型计算冲蚀速率,定义为单位时间单位面积材料损失的质量[117-118,120,122-124]:

$$e = \sum_{n=1}^{N_p} \frac{m_p f(\alpha) v_p^{b(v_p)}}{A_f} \qquad (4-51)$$

其中

$$m_p = \frac{\pi}{4} V_p \rho_p D^2 v_{gin} \qquad (4-52)$$

$$f(\alpha) = \begin{cases} -38.4\alpha^2 + 22.7\alpha & (\alpha < 0.267) \\ 3.147\cos^2\alpha\sin\alpha + 0.3609\sin^2\alpha + 2.532 & (\alpha \geq 0.267) \end{cases} \qquad (4-53)$$

式中　N_p——粒子数；

　　　m_p——粒子的质量流量；

　　　$b(v_p)$——速度函数,取为1.73[75,95]；

　　　A_f——壁面上粒子的投影面积；

　　　V_p——颗粒的体积分数；

　　　D——管道内径；

　　　v_{gin}——带粒子气流的入口速率；

　　　$f(\alpha)$——冲击角度函数[82]。

振动管道可简化为质量—弹簧阻尼系统[110]:

$$M\ddot{X} + \zeta\dot{X} + kX + \tau_p = 0 \qquad (4-54)$$

式中　M——管道的质量；

　　　$\ddot{X}$——加速度的二阶导数；

　　　ζ——管道的阻尼；

　　　$\dot{X}$——速度的一阶导数；

　　　k——管道的刚度；

　　　X——管道的振动位移；

　　　τ_p——作用在管上的剪切应力。

符合牛顿第三定律：

$$n \cdot \tau_f = n \cdot \tau_p \tag{4-55}$$

式中　n——在流体—结构界面法线方向的单位矢量；

　　　τ_f——作用于流体的剪切应力。

2. 求解方法

上述控制方程由商业软件 ANSYS 14.5 求解，包括 FLUENT 和 ANSYS Mechanical 模块，分别用于求解流场和结构变形。流固耦合计算在 ANSYS workbench 14.5 上进行，以实现流场更新与结构响应的交替计算。

冲蚀模型通过用户定义函数（UDF）嵌入到 Fluent 中，由 SIMPLE 算法耦合计算压力和速度，用二阶迎风格式和二阶中心差分格式分别求解 URANS 方程的对流项和扩散项。在迭代过程中，收敛标准设置为每个方程的残差小于 10^{-5}。

每次模拟时，首先计算主相（气体）的流动，直至捕获到稳定周期性变化。再将颗粒从入口注入流体域中，并继续计算含颗粒气流的流动。粒子的轨迹跟踪时间步长设为 0.001s，在每个时间步中，有 690 个颗粒从入口表面注入计算域。在足够的时间范围内，管线中共跟踪到约 172500 个粒子，待捕捉到几个稳定的波动周期后停止计算。

3. 边界条件

在管道入口，定义波动的质量流量入口，满足 $Q_m = Q_{ma} + Q_{mA}\sin(2\pi t/T)$，其中 Q_{ma} 是平均质量流率，Q_{mA} 是质量流量的波动幅度，T 是波动周期。该方程用 C++语言编写（用户定义的函数）作为入口边界条件嵌入到 Fluent 中。模拟时，首先用平均质量流量计算稳定流场，然后再定义波动的入口边界继续计算。

由于管道中的气体是可压缩的，且在计算域中不考虑管道出口下游的射流区域，因此管道出口的压力需要先讨论确定。管道出口压力有三种可能性：（1）如果出口速度低于声速，则出口压力等于大气压力；（2）如果出口速度刚达到声速，则出口压力等于临界压力；（3）如果出口压力大于临界压力，出口速度仍保持声速，即管道中出现流动滞后现象，气流在管道出口下游不断膨胀。为了确定流动条件，采用体积流量除以管道横截面积得到的近似气体速度，与临界速度进行比较。临界速度定义为

$$v_c = \sqrt{\frac{2cRT_{in}}{c+1}} \tag{4-56}$$

$$R = R_a/\Delta \tag{4-57}$$

式中　　c——比热比，此处为 1.3；

T_{in} ——入口温度取 293.15K；

R_a ——气体因子；

Δ ——气体相对密度，相对于空气密度取 0.5。

通过计算，发现 10 个组次的管道出口速度都达到了声速。因此流动条件属于第三种情况，出口处的马赫数为 1，由此近似计算出口处的温度和压力：

$$T_{out} = \frac{2\,T_{in}}{2 + (c - 1)\,Ma^2} \qquad\qquad (4-58)$$

$$P_{out} = \frac{4\,Q_m}{v_c \pi\,D^2} R T_{out} \qquad\qquad (4-59)$$

式中 T_{out} ——出口的温度；

T_{in} ——入口的温度；

Ma ——马赫数；

P_{out} ——出口压力。

对于稳定组次 1，出口压力为 561981.1Pa，用该值定义出口边界条件。管道内壁采用无滑移条件，绝对粗糙度设定为 0.04678mm。该管的入口端面和弯头的外壁面均设定为固定边界，而管道口端面是自由无约束边界。

4. 计算网格与网格无关性验证

流体和固体计算域的网格分布如图 4-19 所示，整个流体域采用六面体网格划分。弯头部位的网格相对密集用以捕获大梯度流场。管壁第一层边界层网格厚度沿径向为 0.3mm（ $0.0041\,d_o$ ），增长因子为 1.2，共七层边界层网格。

表 4-7 对比了网格无关性测试中五种不同网格系统计算的冲蚀速率（ e_{max} ）和振动位移（ D_{max} ）。从 M1 到 M5，计算域的网格尺寸逐渐减小，网格数量依次增加。从表中括号内的百分比变化可见，M1 和 M2 之间的 e_{max} 值出现了 15.77% 的差异，而 M4 和 M5 之间的差异已经减少到 0.25%。 D_{max} 的变化也具有相同的趋势，在 M4 和 M5 之间仅为 0.23%。该模拟在 Intel® Xeon® E4-2620 处理器中执行，对于 M4 和 M5，计算分别消耗 24.5 和 42.0CPU 机时。因此，M4 网格可以在精度和计算成本之间给出了较好的折中方案，故选择 M4 网格进行了本节的模拟研究。

表 4-7 网格无关性测试

编　　　号	流体域网格数	固体域网格数	e_{max} [kg/(m² · s)]	D_{max} (m)
M1	401282	61034	2.98×10^{-7}	3.1162
M2	504470	82896	$3.45 \times 10^{-7}(15.77\%)$	3.5891(15.18%)
M3	601124	104762	$3.82 \times 10^{-7}(10.72\%)$	3.9154(9.09%)
M4	718632	126356	$3.97 \times 10^{-7}(3.93\%)$	4.1293(5.46%)
M5	822648	147528	$3.98 \times 10^{-7}(0.25\%)$	4.1387(0.23%)

5. 模型验证

在定义了质量流量和出口压力之后，可以通过求解 URANS 方程来计算入口压力。为了验证可压缩流体计算的准确性,将计算得到的入口压力与基于空气动力学理论计算结果进行比较[70,104]。

$$Q_{m} = \frac{\pi}{4} \left[\frac{(P_{in}^2 - P_{out}^2) D^4}{ZRT_{av}(\lambda \frac{L}{D} + 2\ln \frac{P_{in}}{P_{out}})} \right]^{0.5} \tag{4-60}$$

$$Z = \frac{100}{100 + 2.916 P_{av}^{1.25}} \tag{4-61}$$

式中　P_{in}——主相(气体)的入口压力;

　　　P_{av}——管道中的平均压力;

　　　Z——压缩系数,λ 为摩擦阻力系数,取 0.023。

对于组次 1(稳定工况而言),主相入口压力的数值结果和理论分别为 1.561MPa 和 1.525MPa,相对误差为 2.36%,表明该模型具有良好的精度。

三、数值结果及讨论

1. 标准组次的影响

在检查波动幅度和周期的影响之前,选择组次 2 作为标准工况,并与稳定工况进行比较。图 4-20 显示了组次 2 入口和出口处的质量流量监测。可以看出,入口质量流量满足正弦波动,与设定的入口边界条件一致,振幅为 0.3522kg/s,周期为 2s。虽然出口质量流量呈相同幅度的正弦波动,但是从入口到出口存在 0.1s 的滞后。这种不同步现象的原因是气体具有压缩性,它以压力波的形式在管道传播。

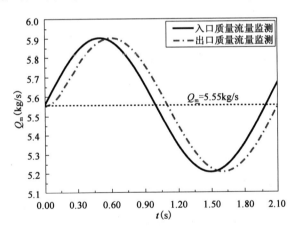

图 4-20　组次 2 入口及出口的质量流量监测

在标准工况的四个关键时刻沿弯管下游的管线压力分布如图 4-21 所示。在 $t=T/4$ 时,压力值相对较大,并且由于入口质量流量较大,管内存在较大的压降(45.3kPa/m)。类似地,压力在 $t=3T/4$ 时较低,且压降也变小(40kPa/m)。组次 2 在 $t=T$ 时的压力分布与组次 1 的压力曲线一致。这表明在一段时间波动之后压力分布具有良好的重现性。但是,在 $t=T/2$ 时,压力仍大于稳定工况压力,这是由于在质量流量从大到小的减少过程中惯性作用显著。当两相流体沿管线流动时,大部分压能转化为动能,少部分用于克服摩擦损失。离出口越近,压降梯度越大,增长速度越快。

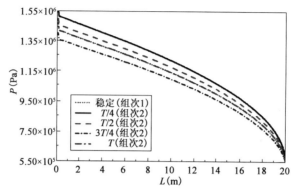

4-21　组次2四个关键时刻沿弯管下游的管线压力分布

如彩图30所示,弯管和管线出口处的速度分布随着质量流量的波动而发生显著变化。流速在出口处达到最大值,并且由于滞后效应,速度等值线轮廓呈现火焰状。质量流量越大,最大速度等值线的火焰高度越高。因此火焰状等值线高度随着质量流量的变化而波动。受离心力的影响,弯管中出现不对称的气流速度分布,高速区靠近弯管的外壁。在入口质量流量波动过程中,垂直于管壁的速度梯度随质量流量的增加而增加。质量流量越大,高速区的偏转越明显,这种不对称的速度分布和高速区的偏转导致不均匀的流体力作用在弯头的内壁上。当质量流量达到峰值时,产生了最大的脉冲力,从而形成最大的位移响应,如彩图31所示。

从彩图31可见,管道最大位移出现在出口端,并随着流量波动而变化。在 $t=T/4$ 时,出口端的位移达到最大值,为 4.355m,而在 $t=3T/4$ 时出现最小值,为 3.9137m。最大位移约为最小位移的 11.28%。经过一个周期的($t=T$)后,振动位移不等于初始时的稳定位移,这说明一旦管线振动,就会出现振动惯性。因此,气体排量的波动加剧了流致振动。在整个过程中管线向弯管弯曲,这主要是弯管外拱壁受到不均匀的流动冲击和表面应力所引起的。如彩图32(a)所示,速度矢量在惯性力的作用下聚集在弯管外拱壁附近,使得弯管外拱壁下游管线同样承受了更大的流体冲击力。彩图32(b)证实了外壁的壁面剪切应力和压力都大于内侧壁的压力,且质量流量越高,流体作用力越不均匀,导致管道振动位移越大。

彩图33对比了组次2在不同时刻弯管处的冲蚀速率。弯管外拱壁冲蚀较为严重,最严重的区域位于弯头30°处,这是携砂气流的第一个撞击点,如彩图34所示。最大冲蚀速率云图呈现雨滴形,并且该区域随入口质量流量的波动而变化。当质量流量达到峰值时,冲蚀速率达到最大值,这是由于较高速度流体具有较大冲击动能所引起。如彩图33所示,两个入口质量流量波动周期内的冲蚀速率在惯性作用下未呈现完全重复,这在彩图34中也可观察到,但差异较小。因此,流场冲蚀及流致振动位移受入口质量流量的影响较大。

2. 波动幅度的影响

组次2~6的波动幅度范围为 $5\times10^4 \sim 25\times10^4 m^3/d$,增幅为 $5\times10^4 m^3/d$,而波动周期固定为2s。图4-22显示了五种情况下的质量流量监测,可以看出,入口和出口质量流量均以正弦形式波动,并且都出现滞后现象。组次2~6的质量流量波动幅度,分别为 0.3522kg/s、

$0.6994kg/s$、$1.0249kg/s$、$1.3939kg/s$ 和 $1.7411kg/s$。由于气体的可压缩性,质量流量的增长并不以整数倍增长。

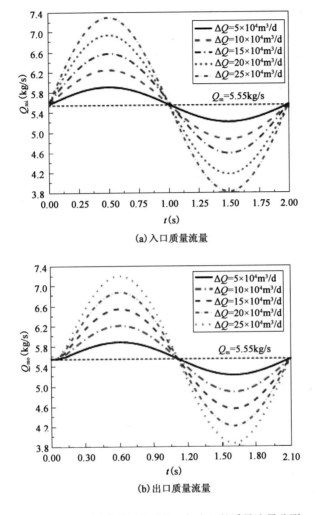

(a) 入口质量流量

(b) 出口质量流量

图 4 − 22 不同波动幅度时入口与出口的质量流量监测

选择 $t = T/4$ 质量流速达到峰值弯管下游管线的压力分布进行比较,如图 4 − 23 所示。虽然出口压力没有明显差异,但压降随着入口质量流量的增加而增加。在组次 6 下出现 $63.5kPa/m$ 的最大压降,这是标准工况下的 1.4 倍。因此,较大的压降表示携砂气流获得更多的动能,从而导致更大的位移和更严重的冲蚀。

如图 4 − 24 所示,出口端的位移随着质量流量的变化而波动,并具有相同的周期。组次 6 波峰处的最大位移为 5.136m,比组次 2 大 0.18 倍,而质量流量波谷处的位移为 3.167m,约为组次 2 的 80.9%。当流量的波动幅度增大 4 倍,管道振动位移范围增加 3.36 倍,如此高的波动幅度会引起严重的振动。人员不能进入出口半径 1.0m 范围内的区域,以避免人员伤亡。如图 4 − 24 所示,两个周期之间存在细微差别,两个周期结束后的位移未完全恢复到初始状态,这仍然是振动惯性引起的。

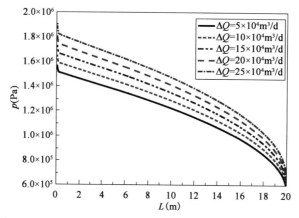

图4-23 不同波动幅度 $t = T/4$ 时沿弯管下游管线的压力分布

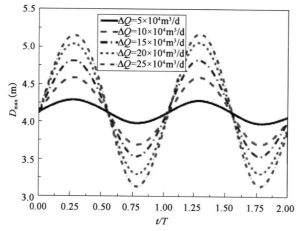

图4-24 不同波动幅度时弯管下游管线的最大位移

图4-25给出了管线最大位移(X_{max}/D_0)与流量波动幅度之间的关系。可以看出,最大位移的变化符合指数分布,拟合公式可表示为

$$\frac{X_{max}}{D_0} = 82.434 - 26.988\, e^{-3.29 \times 10^{-6} \Delta Q} \tag{4-62}$$

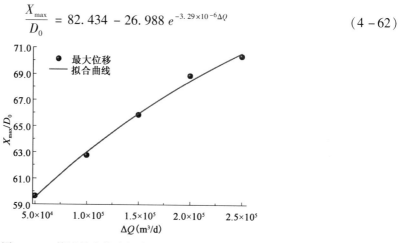

图4-25 管线最大位移与流量波动幅度间的关系

图 4-26 对比了不同波动幅度条件下弯管处的最大冲蚀速率。可以看到冲蚀速率也呈现正弦波动,入口气流质量流量波动幅度越大,则最大冲蚀速率越大。尽管颗粒的数量基本上是稳定的,但是由于质量流量的波动,气体速度不断波动,导致颗粒速度随之变化。由于冲蚀速率与颗粒速度有关,因此它也随时间变化。随着入口质量流量波动幅度从 $5 \times 10^4 \mathrm{m}^3/\mathrm{d}$ 增加到 $10 \times 10^4 \mathrm{m}^3/\mathrm{d}$,最大冲蚀速率显著增加。在入口质量流量从 $10 \times 10^4 \mathrm{m}^3/\mathrm{d}$ 增加到 $25 \times 10^4 \mathrm{m}^3/\mathrm{d}$ 时,上升趋于稳定。当波动幅度为 $25 \times 10^4 \mathrm{m}^3/\mathrm{d}$ 时,最大冲蚀速率为 $4.52 \times 10^{-7} \mathrm{kg}/(\mathrm{m}^2 \cdot \mathrm{s})$,比组次 2 大 0.12 倍。由于惯性作用,图 4-26 所示的两个周期冲蚀速率也不完全重复。

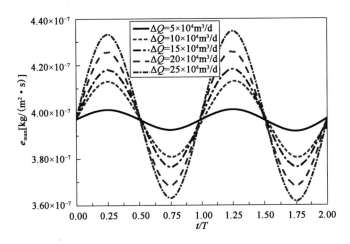

图 4-26 不同波动幅度情况下弯管最大流量冲蚀速率的比较

为预测冲蚀速率,将最大冲蚀速率除以管线材料的密度和壁厚($e_{\max}/\rho_s\delta$,其中 ρ_s 是管材密度),拟合曲线如图 4-27 所示。可见随着波动幅度的增加,最大冲蚀速率几乎呈线性增长,拟合公式可描述为

$$\frac{e_{\max}}{\rho_s\delta} = 1.255 \times 10^{-8} + 7.325 \times 10^{-15}\Delta Q \tag{4-63}$$

使用该拟合公式,可以预测组次 6 工况下 2 年后管线将会出现穿孔失效。

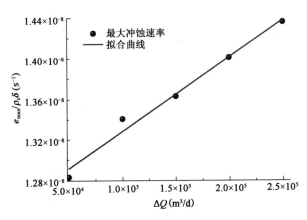

图 4-27 最大冲蚀速率与流量波动幅度之间的关系

3. 波动周期的影响

不同波动周期(组次 2 和组次 7 ~ 10)时的质量流量监测如图 4 – 28 所示。为了便于比较,图中仅显示了一个周期的波动。从该图可以看出,随着波动周期的增加,滞后现象逐渐减弱。当周期为 10s 时,滞后现象消失,这主要是适应波动变化的缓冲期更长所造成的。

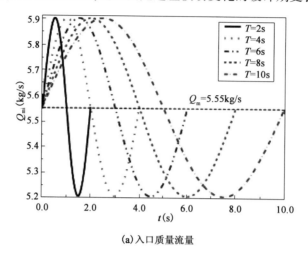

(a)入口质量流量

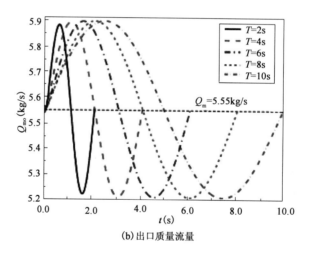

(b)出口质量流量

图 4 – 28   不同波动周期时入口和出口的质量流量监测

如图 4 – 29 所示,在 $t = T/4$ 时,不同波动周期条件沿弯管下游的管线压力分布没有明显差异。因此,流致振动位移和流动冲蚀速率的差异也不明显(图 4 – 30 和图 4 – 32)。如图 4 – 30 所示,最大位移的波峰和波谷存在一定的差异。波动周期越大,位移幅度越小,短周期内的冲击叠加效应可能是主要原因。然而,峰值处的最小位移为 4.32m,比最大值仅小 0.035m。如图 4 – 31 所示,管线的最大位移随着波动周期的增加而缓慢减小,满足线性方程:

$$\frac{X_{\max}}{D_0} = 59.808 - 0.062T \qquad\qquad (4-64)$$

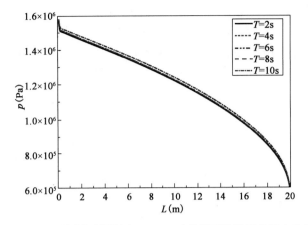

图 4-29 不同波动周期在 $t = T/4$ 时弯管下游管线的压力分布

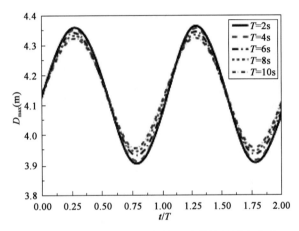

图 4-30 不同波动周期弯管下游管线的最大位移

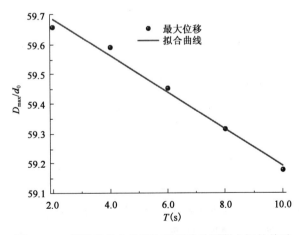

图 4-31 管线的最大位移与流量波动周期之间的关系

图 4-32 对比了不同波动周期时弯管的最大冲蚀速率。可见,随着波动周期的增加,冲蚀速率的波动幅度也随之减小。冲蚀速率的最小幅度为 $8 \times 10^{-9} \, \text{kg}/(\text{m}^2 \cdot \text{s})$,出现在 $T = 10 \text{s}$

时,是 $T=2\text{s}$ 时出现的最大冲蚀速率的 61.54%。但与稳定工况相比,冲蚀速率的波动小于 5%。两个周期的冲蚀速率差异较位移差异更明显,这是因为振动位移主要是由气流引起的,而冲蚀主要是由颗粒的撞击引起的。图 4-33 显示了最大冲蚀速率与流量波动周期的关系,可以看出,最大冲蚀速率的变化符合线性分布,拟合公式表示为

$$\frac{e_{\max}}{\rho_s\delta} = 1.285\times10^{-8} - 1.115\times10^{-11}T \tag{4-65}$$

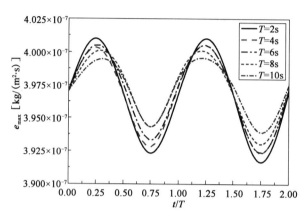

图 4-32　不同波动周期时弯管处的最大冲蚀速率

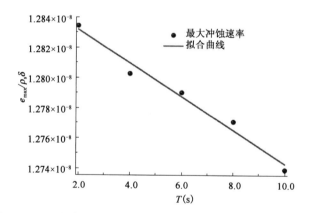

图 4-33　最大冲蚀速率($e_{\max}/\rho_s\delta$)与流量波动周期(T)之间的关系

式(4-54)、式(4-55)、式(4-56)和式(4-57)是通过拟合数值结果获得的经验公式,可用于预测特定条件下的流动冲蚀速率和流致振动位移。

参 考 文 献

[1] Ferng Y M. Predicting local distributions of erosion – corrosion wear sites for the piping in the nuclear power plant using CFD models[J]. Ann. Nucl. Energy, 2008, 35: 304 – 313.

[2] Chu K W, Yu A B. Numerical simulations of the gas – solid flow in three – dimensional pneumatic conveying bends[J]. Ind. Eng. Chem. Res, 2008, 47: 7058 – 7071.

[3] Postlethwaite J, Lotz U. Mass transfer at erosion – corrosion roughened surfaces[J]. Can. J. Chem. Eng., 1988, 66: 75 – 8.

［4］ Yan Y Q, Zhang H, Yang D M, et al. Numerical simulation of concrete pumping process and investigation of wear mechanism of the piping wall［J］. Tribol. Int. , 2012, 46: 137 – 144.

［5］ Fan J R, Luo K, Zhang X Y, et al. Large eddy simulation of the anti – erosion characteristics of the ribbed – bend in gas – solid flows［J］. J. Eng. Gas. Turb. Power. , 2004, 126: 672 – 679.

［6］ Li R, Yamaguchi A, Ninokata H. Computational fluid dynamics study of liquid droplet impingement erosion in the inner wall of a bent pipe［J］. J. Power Energy Syst. , 2010, 4: 327 – 336.

［7］ Tang P, Yang J, Zheng J Y, et al. Failure analysis and prediction of pipes due to the interaction between multi-phase flow and structure［J］. Eng. Fail. Anal. , 2009, 16: 1749 – 1756.

［8］ Jiang Y Q, Arabyan A. A new pipe element for modeling three – dimensional large deformation problems［J］. Finite Elem. Anal. Des. , 1996, 22: 59 – 68.

［9］ Won M S, Ling H I, Kim Y S. A study of the deformation of flexible pipes buried under model reinforced sand, ［J］. KSCE J. Civ. Eng. , 2004, 8: 377 – 385.

［10］ He Y, Li K T. Two – level stabilized finite element methods for the steady Navier – Stokes problem［J］. Comput, 2005, 4: 337 – 351.

［11］ Kimura I, Hosoda T. A non – linear $k – \varepsilon$ model with realizability for prediction of flows around bluff bodies［J］. Int. J. Numer. Meth. Fl. , 2003, 8: 813 – 837.

［12］ Sun L, Lin J Z, Wu F L, et al. Effect of non – spherical particles on the fluid turbulence in a particulate pipe flow［J］. J. Hydrodyn, 2004, 16: 721 – 729.

［13］ Dickenson J A, Sansaloned J J, Discrete phase model representation of particulate matter (PM) for simulating PM separation by hydrodynamic unit operations, Environ［J］. Sci. Technol. , 2009, 43: 8220 – 8226.

［14］ Xu W W, Wu D Z, Wang L Q. Coupling analysis of fluid – structure interaction in fluid – filled elbow pipe［J］. IOP Conf Series: Earth. Env. , 2012, 15: 062001 – 1 – 7.

［15］ Yaqun J, Ara A. A new pipe element for modeling three – dimensional large deformation problems［J］. Finite Elem. Anal. Des. , 1996, 22: 59 – 68.

［16］ Myoung S W, Hoe I L, You S K. A study of the deformation of flexible pipes buried under model reinforced sand［J］. KSCE. J. Civ. Eng. , 2004, 8: 377 – 85.

［17］ Sunil N, Samer A, Roger C. Modeling the deformation response of high strength steel pipelines-Part Ⅱ: effects of material characterization on the deformation response of pipes［J］. J Appl Mech – T ASME, 2012, 79: 051003 – 1 – 7.

［18］ Ferng Y M. Predicting local distributions of erosion – corrosion wear sites for the piping in the nuclear power plant using CFD models［J］. Ann. Nucl. Energy, 2008, 35: 304 – 13.

［19］ Ping T, Jian Y, Jinyang Z, et al. Erosion – corrosion failure of REAC pipes under multiphase flow［J］. Front Energy Power Eng. China, 2009, 3: 389 – 95.

［20］ Ferng Y M, Binhong L. Predicting the wall thinning engendered by erosion – corrosion using CFD methodology［J］. Nucl. Eng. Des. , 2010, 240: 2836 – 41.

［21］ Zhu H J, Lin Y H, Zeng D Z, et al. Simulation analysis of flow field and shear stress distribution in internal upset transition zone of drill pipe［J］. Eng. Fail. Anal. , 2012, 21: 67 – 77.

［22］ Zhu H J, Lin Y H, Zeng D Z, et al. Numerical analysis of flow erosion on drill pipe in gas drilling［J］. Eng. Fail. Anal. , 2012, 22: 83 – 91.

［23］ He Y, Wang A W, Mei L Q. Stabilized finite – element method for the stationary Navier – Stokes equations［J］. J. Eng. Math. , 2005, 4: 367 – 80.

［24］ He Y, Li K T. Two – level stabilized finite element methods for the steady Navier – Stokes problem［J］. Computing, 2005, 4: 337 - 51.

[25] Kimura I, Hosoda T. A non - linear $k - \varepsilon$ model with realizability for prediction of flows around bluff bodies[J]. International Journal for Numerical Methods in Fluids, 2003, 8: 813 - 837.

[26] Xu W W, Wu D Z, Wang L Q. Coupling analysis of fluid - structure interaction in fluid - filled elbow pipe[J]. IOP Conf Series: Earth Env Sci., 2012, 15: 062001 - 1 - 7.

[27] Parsi M, Najmi K, Najafifard F, et al. A comprehensive review of solid particle erosion modeling for oil and gas wells and pipelines applications[J]. Nat. Gas Sci. Eng., 2014, 21: 850 - 873.

[28] Wang K, Li X, Wang Y, et al. Numerical investigation of the erosion behavior in elbows of petroleum pipelines[J]. Powder Technol., 2017, 314: 490 - 499.

[29] Zhou J, Liu Y, Liu S, et al. Effects of particle shape and swirling intensity on elbow erosion in dilute - phase pneumatic conveying[J]. Wear, 2017, 380: 66 - 77.

[30] Zhu H J, Lin Y H, Feng G, et al. Numerical analysis of flow erosion on sand discharge pipe in nitrogen drilling[J]. Adv. Mech. Eng., 2013, 2013: 952652.

[31] Barton N A. Erosion in Elbows in Hydrocarbon Production Systems: Review Document, Prepared by TÜV NEL Limited for the Health and Safety Executive[J]. Research Report 115, UK, 2003.

[32] Vieira R E, Mansouri A, McLaury B S, et al. Experimental and computational study of erosion in elbows due to sand particles in air flow[J]. Powder Technol, 2016, 288: 339 - 353.

[33] Duarte C A R, Souza F J D, Salvo R D V, et al. The role of inter - particle collisions on elbow erosion[J]. Int. J. Multiphase Flow, 2017, 89: 1 - 22.

[34] Xu L, Zhang Q, Zheng J, et al. Numerical prediction of erosion in elbow based on CFD - DEM simulation[J]. Powder Technol., 2016, 302: 236 - 246.

[35] Duarte C A R, Souza F J D. Innovative pipe wall design to mitigate elbow erosion: A CFD analysis[J]. Wear, 2017, 380: 176 - 190.

[36] Chen X, Mclaury B S, Shirazi S A. Application and experimental validation of a computational fluid dynamics (CFD) - based erosion prediction model in elbows and plugged tees[J]. Comput. Fluids, 2004, 33: (10): 1251 - 1272.

[37] Liu J, BaKeDaShi W, Li Z, et al. Effect of flow velocity on erosion - corrosion of 90 - degree horizontal elbow[J]. Wear, 2017, 376: 516 - 525.

[38] Peng W, Cao X. Numerical prediction of erosion distributions and solid particle trajectories in elbows for gas - solid flow[J]. Nat. Gas Sci. Eng., 2016, 30: 454 - 470.

[39] Karimi S, Shirazi S A, McLaury B S. Predicting fine particle erosion utilizing computational fluid dynamics[J]. Wear, 2017, 376: 1130 - 1137.

[40] Eyler R L. Design and analysis of a pneumatic flow loop, PhD Thesis[J]. M. S. M. E. West Virginia University, 1987.

[41] Mansouri A, Arabnejad H, Karimi S, et al. Improved CFD modeling and validation of erosion damage due to fine sand particles[J]. Wear, 2015, 338: 339 - 350.

[42] Parsi M, Kara M, Agrawal M, et al. CFD simulation of sand particle erosion under multiphase flow conditions[J]. Wear, 2017, 376: 1176 - 1184.

[43] Peng W, Cao X. Numerical simulation of solid particle erosion in pipe bends for liquid - solid flow[J]. Powder Technol., 2016, 294: 266 - 279.

[44] Parsi M, Agrawal M, Srinivasan V, et al. CFD simulation of sand particle erosion in gas - dominant multiphase flow[J]. Nat. Gas Sci. Eng., 2015, 27: 706 - 718.

［45］ Chen X, McLaury B S, Shirazi S A. A comprehensive procedure to estimate erosion in elbows for gas/liquid/sand multiphase flow［J］. Energy Resour. Technol. , 2006, 128: 70 –78.

［46］ Zhang Y, Reuterfors E P, McLaury B S, et al. Comparison of computed and measured particle velocities and erosion in water and air flows［J］. Wear, 2007, 263: 330 –338.

［47］ Zhang Y, McLaury B S, Shirazi S A. Improvements of particle near – wall velocity and erosion predictions using a commercial CFD code［J］. J. Fluids Eng. , 2009, 131: 031303.

［48］ Mazumder Q H. Effect of liquid and gas velocities on magnitude and location of maximum erosion in U – bend［J］. Open J. Fluid Dyn. , 2012, 2: 29 –34.

［49］ Zhu H J, Zhang W L, Feng G, et al. Fluid – structure interaction computational analysis of flow field, shear stress distribution and deformation of three – limb pipe［J］. Eng. Fail. Anal. , 2014, 42: 252 –262.

［50］ Arif M, Ramon C. A variational multiscale stabilized formulation for the incompressible navier – stokes equations［J］. Comput. Mech. , 2009, 44: 144 –160.

［51］ Zhu H J, Lin Y H, Zeng D Z, et al. Simulation analysis of flow field and shear stress distribution in internal upset transition zone of drill pipe［J］. Eng. Fail. Anal. , 2012, 21: 67 –77.

［52］ Zhu H J, Wang J, Chen X Y, et al. Numerical analysis of the effects of fluctuations of discharge capacity on transient flow field in gas well relief line［J］. Loss Prev. Process Indust. , 2014, 31: 104 –112.

［53］ Kimura I, Hosoda T. A non – linear $k - \varepsilon$ model with realizability for prediction of flows around bluff bodies［J］. Int. J. Numer. Methods Fluids, 2003, 42: 813 –837.

［54］ Rohdin P, Moshfegh B. Numerical predictions of indoor climate in large industrial premises: A comparison between different $k - \varepsilon$ models supported by field measurements［J］. Build. Environ. , 2007, 42: 3872 –3882.

［55］ Zhu H J, Lin Y H, Zeng D Z, et al. Numerical analysis of flow erosion on drill pipe in gas drilling［J］. Eng. Fail. Anal. , 2012, 22: 83 –91.

［56］ Morsi S A, Alexander A J. An investigation of particle trajectories in two – phase flow systems［J］. Fluid Mech. , 1972, 55: 193 –208.

［57］ Zhu H J, Tang Y B, Wang J, et al. Flow erosion and flow induced vibration of gas well relief line with periodic fluctuation of boosting output［J］. Loss Prev. Process Indust. , 2017, 46: 69 –83.

［58］ Wakeman T, Tabakoff W. Measured particle rebound characteristics useful for erosion prediction［C］//ASME 1982 International Gas Turbine Conference and Exhibit, New York, USA, 1982.

［59］ Forder A, Thew M, Harrison D. A numerical investigation of solid particle erosion experienced within oilfield control valves［J］. Wear, 1998, 216: (2): 184 –193.

［60］ Finnie I. Erosion of surfaces by solid particles［J］. Wear, 1960, 3: (2): 87 –103.

［61］ Finnie I. Some reflections on the past and future of erosion［J］. Wear, 1995, 186: 1 –10.

［62］ Oka Y I, Okamura K, Yoshida T. Practical estimation of erosion damage caused by solid particle impact Part 1: effects of impact parameters on a predictive equation［J］. Wear, 2005, 259: 94 –101.

［63］ Oka Y I, Yoshida T. Practical estimation of erosion damage caused by solid particle impact Part 2: mechanical properties of materials directly associated with erosion damage［J］. Wear, 2005, 259: 102 –109.

［64］ Ahlert K. Effects of particle impingement angle and surface wetting on solid particle erosion on ANSI 1018 steel［D］. PhD Thesis, University of Tulsa, 1994.

［65］ Zhu H J, Pan Q, Zhang W L, et al. CFD simulations of flow erosion and flow induced deformation of needle valve: Effects of operation［J］. structure and fluid parameters, Nucl. Eng. Des. , 2014, 273: 396 –411.

［66］ Zhu H J, Wang J, Ba B, et al. Numerical investigation of flow erosion and flow induced displacement of gas well relief line［J］. J. Loss Prev. Process Indust. , 2015, 37: 19 –32.

［67］ Zhu H J, Han Q H, Wang J, et al. Numerical investigation of the process and flow erosion of flushing oil tank with nitrogen[J]. Powder Technol. , 2015, 275: 12 – 24.

［68］ Zhang J, McLaury B S, Shirazi S A. Application and experimental validation of a CFD based erosion prediction procedure for jet impingement geometry[J]. Wear, 2018, 394: 11 – 19.

［69］ Messa G V, Wang Y. Importance of accounting for finite particle size in CFD – based erosion prediction, Proceedings of Pressure Vessels and Piping Conference[J]. PVP, Prague, Czech Republ. , 2018, 7: 14 – 20,

［70］ Ajinkya A M. Analytical solutions for the colebrook and white equation and for pressure drop in ideal gas flow in pipes[J]. Chem. Eng. Sci. , 2006, 16: 5515 – 5519.

［71］ Alijani F, Amabili M. Nonlinear vibrations and multiple resonances of fluid filled arbitrary laminated circular cylindrical shells[J]. Compos. Struct. , 2014, 108: 951 – 962.

［72］ Arif M, Ramon C A. variational multiscale stabilized formulation for the incompressible navier – stokes equations[J]. Comput. Mech. , 2009, 2: 144 – 160.

［73］ Chu K W, Yu A B. Numerical simulation of the gas – solid flow in three – dimensional pneumatic conveying bends[J]. Ind. Eng. Chem. Res. , 2008, 47: 7058 – 7071.

［74］ Deng T, Patel M, Hutchings I, et al. Effect of bend orientation on life and puncture point location due to solid particle erosion of a high concentrated flow in pneumatic conveyors[J]. Wear, 2005, 258: 426 – 433.

［75］ Derrick O N, Michael F. Modelling of pipe bend erosion by dilute particle suspensions[J]. Comput. Chem. Eng. , 2012, 42: 234 – 247.

［76］ Fan J R, Luo K, Zhang X Y, et al. Large eddy simulation of the anti – erosion characteristics of the ribbed – bend in gas – solid flows[J]. J. Eng. Gas. Turbines Power, 2004, 126: 672 – 679.

［77］ Farnoosh N, Adamiak K, Castle G S P. 3 – D numerical analysis of EHD turbulent flow and mono – disperse charged particle transport and collection in a wire – plate ESP[J]. J. Electrost, 2010, 68: 513 – 522.

［78］ Ferng Y M, Lin B H. Predicting the wall thinning engendered by erosion – corrosion using CFD methodology [J]. Nucl. Eng. Des. , 2010, 240: 2836 – 2841.

［79］ Haider A, Levenspiel O. Drag coefficient and terminal velocity of spherical and non – spherical particles[J]. Powder Technol. , 1989, 58: 63 – 70.

［80］ He Y N, Wang A W, Mei L Q. Stabilized finite – element method for the stationary navier – stokes equations[J]. J. Eng. Math. , 2005, 4: 367 – 380.

［81］ He Y N, Li K T. Two – level stabilized finite element methods for the steady navier – stokes problem[J]. Computing, 2005, 4: 337 – 351.

［82］ Huser A, Kvernvold O. Prediction of sand erosion in process and pipe components. In: Proceeding 1st North American Conference on Multiphase Technology[J]. Banff, Canada, pp. , 1998, 217 – 227.

［83］ Jin J D. Stability and chaotic motions of a restrained pipe conveying fluid[J]. J. Sound. Vib. , 1997, 208: 427 – 439.

［84］ Jong C J, Dong G K, Kyung W R. Numerical calculation of shear stress distribution on the inner wall surface of CANDU reactor feeder pipe conveying two – phase coolant[J]. J. Press. Vessel. Technol. , 2009, 131: 1 – 13.

［85］ Khurram R A, Arif M. A multiscale/stabilized formulation of the incompressible navier – stokes equations for moving boundary flows and fluid – structure interaction[J]. Comput. Mech. , 2006, 4: 403 – 416.

［86］ Kimura I, Hosoda T. A non – linear $k – \varepsilon$ model with realizability for prediction of flows around bluff bodies[J]. Int. J. Numer. Methods Fluids. , 2003, 8: 813 – 837.

［87］ Li R, Yamaguchi A, Ninokata H. Computational fluid dynamics study of liquid droplet impingement erosion in the inner wall of a bend pipe[J]. J. Power Energy Syst. , 2010, 4: 327 – 336.

[88] Mazumder Q H, Shirazi S A, McLaury B. Experimental investigation of the location of maximum erosive wear damage in elbows[J]. ASME. J. Press. Vessel Technol., 2008, 130: 1 – 8.

[89] Mazumder Q H, Shirazi S A, McLaury B. Prediction of solid particle erosive wear of elbows in multiphase annular flow – model development and experimental validations[J]. J. Energy Resour. Technol., 2008, 130: 1 – 10.

[90] Modarres – Sadeghi Y, Paidoussis M P. Nonlinear dynamics of extensible fluid – conveying pipes[J]. supported at both ends. J. Fluids Struct., 2009, 25: 535 – 543.

[91] Morsi S A, Alexander A J. An investigation of particle trajectories in two phase flow systems[J]. J. Fluid Mech., 1972, 55: 193 – 208.

[92] Oka Y I, Yoshida T. Practical estimation of erosion damage caused by solid particle impact Part 2: mechanical properties of materials directly associated with erosion damage[J]. Wear, 2005, 259: 102 – 109.

[93] Paidoussis M P, Li G X. Pipes conveying fluid: a model dynamical problem[J]. J. Fluid. Struct. 1993, 8: 137 – 204.

[94] Paidoussis M P. Fluid – structure Interactions: Slender Structures and Axial Flow[C]. Academic Press Limited, London, 1998:1.

[95] Pereira G C, Souza F J, Martins D A M. Numerical prediction of the erosion due to particles in elbows[J]. Powder Technol., 2014, 261: 105 – 117.

[96] Pirker S, Kahrimanovic D, Kloss C, et al. Simulation coarse particle conveying by a set of Eulerian, Lagrangian and hybrid particle models[J]. Powder Technol., 2010, 204: 203 – 213.

[97] Rinaldi S, Prabhakar S, Vengallatore S, et al. Dynamics of microscale pipes containing internal fluid flow: damping, frequency shift, and stability[J]. J. Sound. Vib., 2010, 329: 1081 – 1088.

[98] Rohdin P, Moshfegh B. Numerical predictions of indoor climate in large industrial premises: a comparison between different $k-\varepsilon$ models supported by field measurements[J]. Build. Environ., 2007, 42: 3872 – 3882.

[99] Stack M M, Abdelrahman S M. A CFD model of particle concentration effects on erosion – corrosion of Fe in aqueous conditions[J]. Wear, 2011, 273: 38 – 42.

[100] Sun L, Lin J Z, Wu F L, et al. Effect of non – spherical particles on the fluid turbulence in a particulate pipe flow[J]. J. Hydrodyn., 2004, 16: 721 – 729.

[101] Suzuki M, Inaba K, Yamamoto M. Numerical simulation of sand erosion in a square – section 90 – degree bend[J]. J. Fluid Sci. Technol., 2008, 3: 868 – 880.

[102] Tan Y Q, Zhang H, Yang D M, et al. Numerical simulation of concrete pumping process and investigation of wear mechanism of the piping wall[J]. Tribol. Int., 2012, 46: 137 – 144.

[103] Tang P, Yang J, Zheng J Y, et al. Erosion corrosion failure of REAC pipes under multiphase flow[J]. Front. Energy Power Eng. China., 2009, 3, 389 – 395.

[104] Tatsuhiko K. An implicit method for transient gas flows in pipe networks[J]. Int. J. Heat. Fluid Fl., 2003, 5, 378 – 383.

[105] Wang L, Ni Q. A note on the stability and chaotic motions of a restrained pipe conveying fluid[J]. J. Sound. Vib., 2006, 396: 1079 – 1083.

[106] Wang L. A further study on the non – linear dynamics of simply supported pipes conveying pulsating fluid[J]. Int. J. Non – Linear Mech., 2009, 44: 115 – 121.

[107] Wang L. Size – dependent vibration characteristics of fluid – conveying microtubes[J]. Fluids Struct., 2010, 26: 675 – 684.

[108] Xu J, Yang Q B. Flow – induced internal resonances and mode exchange in horizontal cantilevered pipe conveying fluid（Ⅰ）[J]. Appl. Math. Mech. , 2006, 27: 935 – 941.

[109] Xu J, Yang Q B. Flow – induced internal resonances and mode exchange in horizontal cantilevered pipe conveying fluid（Ⅱ）[J]. Appl. Math. Mech. , 2006, 27: 943 – 951.

[110] Xu W W, Wu D Z, Wang L Q. Coupling analysis of fluid – structure interaction in fluid – filled elbow pipe[J]. IOP Conf. Ser. Earth. Env. Sci. , 2012, 15: 1 – 7.

[111] Zeng L, Zhang G A, Guo X P. Erosion – corrosion at different location of X65 carbon steel elbow[J]. Corros. Sci. , 2014, 85: 318 – 330.

[112] Zhang H, Tan Y Q, Yang D M, et al. Numerical investigation of the location of maximum erosive wear damage in elbow: effect of slurry velocity, bend orientation and angle of elbow[J]. Powder Technol. , 2012, 217: 467 – 476.

[113] Zhang M M, Katzn J, Prosperetti A. Enhancement of channel wall vibration due to acoustic excitation of an internal bubbly flow[J]. J. Fluids Struct. , 2010, 26: 994 – 1017.

[114] Zhang Y L, Reese J M, Gorman D G. An experimental study of the effects of pulsating and steady internal fluid flow on an elastic tube subjected to external vibration[J]. J. Sound. Vib. , 2003, 266: 355 – 367.

[115] Zhang Y, Reuterfors E P, Mclaury B S, et al. Comparison of computed and measured particle velocities and erosion in water and air Flows[J]. Wear, 2007,263: 330 – 338.

[116] Zhu H J, Lin Y H, Zeng D Z, et al. Simulation analysis of flow field and shear stress distribution in internal upset transition zone of drill pipe[J]. Eng. Fail. Anal. , 2012, 21: 67 – 77.

[117] Zhu H J, Lin Y H, Zeng D Z, et al. Numerical analysis of flow erosion on drill pipe in gas drilling[J]. Eng. Fail. Anal. , 2012, 22, 83 – 91.

[118] Zhu H J, Lin Y H, Feng G, et al. Numerical analysis of flow erosion on sand discharge pipe in nitrogen drilling[J]. Adv. Mech. Eng. , 2013, 2013, 1 – 10.

[119] Zhu H J, Wang J, Chen X Y, et al. Numerical analysis of the effects of fluctuations of discharge capacity on transient flow field in gas well relief line[J]. J. Loss Prev. Process Indust. , 2014, 31: 105 – 112.

[120] Zhu H J, Pan Q, Zhang W L, et al. CFD simulations of flow erosion and flow – induced deformation of needle valve: effects of operation, structure and fluid parameters[J]. Nucl. Eng. Des. , 2014, 273: 396 – 411.

[121] Zhu H J, Zhang W L, Feng G, et al. Fluid – structure interaction computational analysis of flow field, shear stress distribution and deformation of three – limb pipe[J]. Eng. Fail. Anal. , 2014, 42: 252 – 262.

[122] Zhu H J, Zhao H N, Pan Q, et al. Coupling analysis of fluid – structure interaction and flow erosion of gas – solid flow in elbow pipe[J]. Adv. Mech. Eng. , 2014, 2014: 1 – 10.

[123] Zhu H J, Han Q H, Wang J, et al. Numerical investigation of the process and flow erosion of flushing oil tank with nitrogen[J]. Powder Technol, 2015, 275: 12 – 24.

[124] Zhu H J, Wang J, Ba B, et al. Numerical investigation of flow erosion and flow induced displacement of gas well relief line[J]. J. Loss Prev. Process Indust. , 2015, 37:19 – 32.

第五章
管线附属设备流动冲蚀分析

第一节　针形阀的流动冲蚀

本节采用三维流固耦合计算模型和离散相模型对针形阀的流动冲蚀速率与流致变形进行预测,获得了不同的工况和结构参数条件下,气固两相流场分布、阀芯流动冲蚀速率和变形量,讨论了进口速度、阀门开度和进口阀门通道尺寸、颗粒浓度、颗粒直径和颗粒相组成等因素的影响。

一、研究背景

针形阀是通过调节顶针位置来调节气体流量的阀门,在许多领域有着广泛的应用。但当输送的介质中含有颗粒和液滴的气体时,针形阀存在明显的缺点。由于针形阀流道截面的变化和流向的改变,导致流场出现显著变化。一方面,流体加速对阀芯壁面产生较大的冲击力;另一方面,颗粒的惯性会使其偏离主相流体的流线,从而撞击阀芯壁和流道壁。因此,针形阀内存在着流动冲蚀和流动诱导变形。在流体冲蚀和变形的共同作用下,针形阀容易出现故障,威胁管道系统的可靠性。特别是在气井开采中,井口的针形阀用于平衡井口压力,起到举足轻重的作用。井流通常是气、砂和水的混合物,当压降过大时,流体在阀门内的流速很大,会造成严重的流动冲蚀和变形。图 5 – 1 展示了某气井井口使用的针形阀,其阀杆已断裂,阀座出现穿孔。针形阀的这种损坏不仅造成巨大的经济损失,而且井口压力控制失败可能会导致井喷,对人身安全构成威胁。因此,研究针形阀流动冲蚀和流致变形的规律是十分必要的。

Tang 等[1-8]指出影响流动冲蚀的因素很多,包括结构和流体参数,如流速、流动通道结构、流体性质、颗粒直径和颗粒浓度等。Derrick 和 Michael[9]模拟了低浓度颗粒流对弯管的冲蚀,并预测了弯管外壁的一次和二次流动冲蚀位置。Zhang 等[10]模拟预测了弯头最大流动冲蚀位置。Deng 等[11]对比了四种不同弯头布置方向的冲蚀结果,分析了弯头

图 5 – 1　损坏的针形阀的形貌图

流向对流动冲蚀位置的影响。Feng 和 Lin[12] 指出流道的几何形状对流动冲蚀影响显著。然而,这些研究大部分集中于弯管冲蚀,关于针形阀流动冲蚀的研究相对较少。特别是气井井口使用的针形阀,工作条件相对复杂且不利(高压、高速气液固多相流),从而室内实验较难实现。

此外,很少有文献同时考虑流动冲蚀和流致变形。两者存在相互影响。高速流体引起的流动冲蚀和管壁变薄,使得流动通道发生局部变化,进而影响流场。同时,结构变形也反过来引起流场的变化。调整后的流场将对流动冲蚀变形产生不同的影响。因此,对针形阀的流动冲蚀与流致变形进行耦合分析,确定最大流动冲蚀与变形的位置和大小具有重要的价值。

本节采用三维流固耦合计算模型,结合连续介质和离散相模型进行耦合,计算针形阀通道内的气液固流场特征。在不同的工况和结构条件下,获得了流场分布、阀芯流动冲蚀速率和变形量,分别讨论了进口速度、阀门开度和进口阀门通道尺寸、颗粒浓度、颗粒直径及颗粒相组成对流动冲蚀的影响。

二、问题描述及方法

图 5-2 为本研究的针形阀示意图(型号:JLK 65×30-35)。为了观察进口通道尺寸的影响,数值模拟中将进口通道直径(D_{in})设为变量,包括 30mm、45mm 和 52mm,其他尺寸固定。

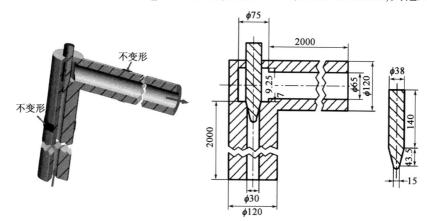

图 5-2　计算域示意图(单位:mm)

研究组次见表 5-1,其中组次 1 为标准组次,其他组次均是在组次 1 的基础上改变一个参数进行单因数分析,如组次 2 和组次 3,只改变了阀门的开度,为了保持从入口注入的颗粒总量不变,组次 4 和组次 5 的粒子浓度发生了变化。表 5-2 列出了流体和针形阀材料的物性参数。

表 5-1　研究组次

组次	工况参数		结构参数	流体参数			
	进口速度(m/s)	阀门开度	进口通道尺寸(mm)	颗粒直径(mm)	颗粒百分比(%)	颗粒相组成	
						液滴百分比(%)	颗粒百分比(%)
1	30	0.75	30	0.10	6.0	0.0	6.0

续表

组次	工况参数		结构参数	流体参数			
						颗粒相组成	
	进口速度 (m/s)	阀门开度	进口通道尺寸 (mm)	颗粒直径 (mm)	颗粒百分比 (%)	液滴百分比 (%)	颗粒百分比 (%)
2	30	0.50	30	0.10	6.0	0.0	6.0
3	30	1.00	30	0.10	6.0	0.0	6.0
4	30	0.75	45	0.10	2.7	0.0	2.7
5	30	0.75	52	0.10	2.0	0.0	2.0
6	20	0.75	30	0.10	6.0	0.0	6.0
7	40	0.75	30	0.10	6.0	0.0	6.0
8	30	0.75	30	0.05	6.0	0.0	6.0
9	30	0.75	30	0.12	6.0	0.0	6.0
10	30	0.75	30	0.10	3.0	0.0	3.0
11	30	0.75	30	0.10	9.0	0.0	9.0
12	30	0.75	30	0.10	6.0	0.0	0.0
13	30	0.75	30	0.10	6.0	3.0	3.0
14	30	0.75	30	0.10	4.0	1.0	3.0
15	30	0.75	30	0.10	8.0	5.0	3.0
16	30	0.75	30	0.10	4.0	3.0	1.0
17	30	0.75	30	0.10	8.0	3.0	5.0

表 5-2 流体和物性参数

项 目	流体(天然气)	固体颗粒(砂)	液滴(水)	材料(钢)
密度(kg/m³)	0.6679	2800	998.2	8030
动力黏度(Pa·s)	1.087×10^{-5}			
颗粒尺寸(mm)		0.05、0.10、012	0.10	
杨氏模量(GPa)				196
阻尼比				0.05

基于 CFD 的冲蚀变形模拟主要包括四个步骤:流场计算、颗粒跟踪、冲蚀计算和变形计算。首先,将气体看作是连续相,用 N-S 方程求解,将颗粒或液滴看作是离散相,用离散相模型(DPM)对其进行跟踪。模拟中假定连续相与颗粒相之间没有传质。

连续介质模型的质量守恒方程和动量守恒方程分别为

$$\nabla \times (\rho_g v_g) = 0 \qquad (5-1)$$

$$\nabla \times (\rho_g v_g - P_f) = f \qquad (5-2)$$

其中
$$p_f = \left[-p + \left(-g - \frac{2}{3}\mu \right)\nabla \times v \right] + 2\mu E \tag{5-3}$$

$$E = \frac{1}{2}\nabla v + \nabla v^T \tag{5-4}$$

式中　ρ_g——气体密度；

　　　v_g——气体速度；

　　　p_f——流体压力；

　　　f——流体的体积力；

　　　p——压力；

　　　g——重力加速度；

　　　μ——动力黏度；

　　　T——二阶张量。

上述控制方程由可实现的 $k-\varepsilon$ 湍流模型封闭[13]：

$$\frac{\partial(\rho_g k v_i)}{\partial(x_i)} = \frac{\partial}{\partial x_j}\left[\left(\mu + \frac{\mu_t}{\sigma_k}\right)\frac{\partial k}{\partial x_j}\right] + G_k + G_b - \rho_g\varepsilon - Y_M \tag{5-5}$$

$$\frac{\partial(\rho_g k v_i)}{\partial(x_i)} = \frac{\partial}{\partial x_j}\left[\left(\mu + \frac{\mu_t}{\sigma_k}\right)\frac{\partial k}{\partial x_j}\right] + \rho_g C_1 S\varepsilon - \rho_g C_2 \frac{\varepsilon^2}{k + \sqrt{v\varepsilon}} + C_3 G_b \tag{5-6}$$

其中
$$C_1 = \max\left(0.43, \frac{\eta}{\eta + 5}\right) \tag{5-7}$$

$$\eta = (2 S_{ij} \times S_{ij})^{\frac{1}{2}} \frac{k}{\varepsilon} \tag{5-8}$$

$$S_{ij} = \frac{1}{2}\left(\frac{\partial v_i}{\partial x_j} + \frac{\partial v_j}{\partial x_i}\right) \tag{5-9}$$

式中　i, j——坐标轴；

　　　k——单位质量的湍动能；

　　　ε——单位质量湍动能耗散率；

　　　σ_k——普朗特数对应的湍动能；

　　　G_k——由平均速度梯度引起的湍动能生成项；

　　　G_b——由升力引起的湍流能生成项；

　　　Y_M——可压缩湍流膨胀引起的总耗散率；

　　　μ——分子动力黏度；

　　　μ_t——湍流黏度；

　　　C_1——经验常数，取为1.44；

　　　C_2——经验常数，取为1.9；

　　　C_3——经验常数，取为0.09。

通过求解上述方程获得连续相流场(如速度和压力分布)后，根据粒子运动方程，由拉格朗日法跟踪粒子运动[14-15]，其运动方程表示为

$$\frac{\mathrm{d}v_{\mathrm{p}}}{\mathrm{d}t} = \frac{C_{\mathrm{D}}Re_{d_{\mathrm{s}}}}{24\,\tau_t}(v - v_{\mathrm{p}}) + \frac{g(\rho_{\mathrm{p}} - \rho_{\mathrm{f}})}{\rho_{\mathrm{p}}} + 0.5\,\frac{\rho_{\mathrm{f}}}{\rho_{\mathrm{p}}}\frac{\mathrm{d}(v - v_{\mathrm{p}})}{\mathrm{d}t} \tag{5-10}$$

$$\tau_t = \frac{\rho_{\mathrm{p}}d_{\mathrm{p}}^2}{18\mu} \tag{5-11}$$

$$Re_{d_{\mathrm{s}}} = \frac{\rho_{\mathrm{f}}\,d_{\mathrm{p}}\,|v_{\mathrm{p}} - v|}{\mu} \tag{5-12}$$

$$C_{\mathrm{D}} = \frac{24}{Re_{d_{\mathrm{s}}}}(1 + b_1\,Re_{d_{\mathrm{s}}}^{b_2})\frac{b_3 Re_{d_{\mathrm{s}}}}{b_4 + Re_{d_{\mathrm{s}}}} \tag{5-13}$$

式中　v_{p}——颗粒速度；

ρ_{p}——粒子的密度；

C_{D}——阻力系数；

$Re_{d_{\mathrm{s}}}$——颗粒等效雷诺数；

τ_t——颗粒弛豫时间；

d_{p}——颗粒直径；

b_1——常数，取 0.186；

b_2——常数，取 0.653；

b_3——常数，取 0.437；

b_4——常数，取 7178.741。

根据冲蚀经验模型计算流动冲蚀速率，其形式为

$$e = \sum_{p=1}^{N_{\mathrm{p}}}\frac{1.8 \times 10^{-9}\,m_{\mathrm{p}}}{A_{\mathrm{f}}} \tag{5-14}$$

其中

$$m_{\mathrm{p}} = \frac{\pi}{4}\,V_{\mathrm{p}}\,\rho_{\mathrm{p}}\,d_{\mathrm{in}}^2\,v_{\mathrm{in}} \tag{5-15}$$

式中　A_{f}——壁面上颗粒的投影面积；

m_{p}——颗粒的质量流量；

N_{p}——颗粒个数；

V_{p}——颗粒体积分数；

d_{in}——阀门入口直径；

v_{in}——入口速度。

根据牛顿第二定律，因流动引起的针形阀变形可表示为[16]

$$M_{\mathrm{p}}\,\ddot{r} + C_{\mathrm{p}}\,\dot{r} + K_{\mathrm{p}}r + \tau_{\mathrm{p}} = 0 \tag{5-16}$$

$$n \times \tau_{\mathrm{f}} = n \times \tau_{\mathrm{p}} \tag{5-17}$$

式中　M_{p}——阀门的质量；

C_{p}——阻尼；

K_{p}——刚度；

r——阀门的位移；

$\dot{r}$——位移的一阶导数(表示变形速度);

$\ddot{r}$——位移的二阶导数(表示变形加速度);

τ_p——结构受到的流体作用力,符合牛顿第三定律;

n——流体—结构界面法线方向上的单位矢量。

采用有限体积法(FVM)对流动控制方程进行离散,采用有限元法(FEM)对阀门变形方程进行离散。利用 ANSYS Workbench 14.5 实现流固耦合计算,其中 Fluent 用于计算气体—颗粒流场,并采用 DPM 捕获基于拉格朗日方法的离散相颗粒,由 ANSYS Mechanical 模块计算阀门变形。

流场计算中,采用分离的 SIMPLE 算法对压力和速度进行耦合,对流项和扩散项分别采用二阶迎风格式和二阶中心差分格式离散。所有计算的收敛标准设定为每个方程计算残差小于 10^{-4}。

分别由 ICEM CFD 和 ANSYS Meshing 划分流体与固体的网格。图 5-3 给出了流体和固体(阀门)计算域的网格分布,流体和固体计算域都被分成三块,其中阀芯附近使用尺寸更小的网格,而在入口和出口直通道处使用尺寸相对粗糙的网格。阀芯部分网格采用四面体网格,而六面体网格用于入口与出口的直管部分,并在通道壁面采用渐进网格捕获近壁流场。

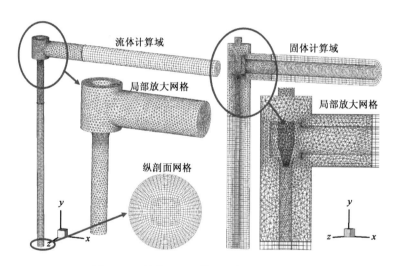

图 5-3　所采用的流体和固体计算域网格

为了测试网格的无关性,采用五种不同网格系统对组次 1 进行网格分辨率测试。针形阀的网格数量和最大计算流动冲蚀速率(e_{max})见表 5-3,其中括号内为变化百分比。e_{max} 的百分比差随网格数量的增加而减小。M4 与 M5 两套网格的计算结果仅差 0.23%。本数值研究在 Intel(R) Core(TM) 2 处理器上执行,M4 和 M5 两套网格,模拟分别消耗 23.5 和 45.6 个 CPU 机时。可见 CPU 时间增加了 51%,但数值结果的最大变化仅为 0.23%。因此,M4 网格兼顾了计算精度和计算时间成本,故被运用于本数值研究。在通道壁面设有边界层网格,分为五层,第一层网格高度为 0.2 mm,增长因子为 1.2。

表 5 - 3　网格的无关性测试

网格	流体域网格数量	固体区域网格数量	$e_{max}[\,kg/(m^2 \cdot s)\,]$
网格 1	394475	106486	3.67×10^{-6}
网格 2	465000	1597750	$3.95 \times 10^{-6}(7.67\%)$
网格 3	591712	189432	$4.16 \times 10^{-6}(5.32\%)$
网格 4	788950	213000	$4.28 \times 10^{-6}(2.88\%)$
网格 5	1183425	329520	$4.29 \times 10^{-6}(0.23\%)$

流体计算域的入口和出口分别采用速度入口与压力出口边界条件。为了观察入口流速的影响,选择了 20m/s、30m/s 和 40m/s 三种流速进行对比。为了便于比较分析,出口压力固定为 0Pa。所有阀芯和阀道壁均设为无滑移边界条件。如图 5 - 2 所示,在固体计算域的通道外壁设置了两个固定约束,而阀门的其他部分可以受流体作用而变形。

三、数值结果及讨论

1. 标准组次和模拟验证的结果

彩图 35(图中压力是以实际压力为背压的相对压力)为标准工况下的流体压力和速度分布,以及针形阀的流动冲蚀速率与总变形量。由于进、出口直管段长度较长,从全局图中看不清楚,因此将阀芯部分进行了局部放大。由该彩图可以看出,通过阀芯的流体存在明显的压降。当流体进入阀门时,在阀芯附近流体的压力不再均匀分布。最高压力出现在阀门顶部,该处为流体流动的驻点,最低压力出现在参考点的内通道壁附近。在出口通道内壁出现第二低压区。由于截面积的减小,阀芯处的流动被加速。然而,当流体进入下游直管段时,流速迅速下降。这种非均匀流场分布对颗粒运动产生了显著的影响。

从速度矢量图中可以看出,阀芯附近的流动较为混乱,增加了颗粒撞击固体壁面的概率。阀芯附近的流动冲蚀明显,是由于流动方向的快速变化使颗粒偏离了流体的流动方向而撞击该区域。因此,最大的流动冲蚀速率出现在阀尖处,与面向出口的一侧相比,背向出口的阀芯壁面的冲蚀速率相对较低。此外,由于阀芯壁的反射,阀芯前部出现了部分回流。颗粒以一定角度撞击壁面后反射,并不断地再次撞击和再次反射。这种反复的冲击导致阀芯前壁流动冲蚀速率较高。此外阀芯有明显的变形,越靠近阀尖,变形越大,最大变形量为 0.44mm。

为了验证数值模型的精度,将阀芯和通道壁的流动冲蚀速率与测量值进行比较,如彩图 36 所示。可见,预测的流动冲蚀速率与测量结果基本一致,模拟结果的最大误差小于 7%。另外计算结果略大于测量值,表明使用预测的流动冲蚀速率进行设计更加安全。

2. 入口速度的影响

彩图 37(图中压力是以实际压力为背压的相对压力)对比了不同入口速度下的流场、流动冲蚀速率和变形分布。当入口速度为 40m/s 时,压降最大,并可以更清楚地观测到阀尖附近和转向外通道壁台阶处的高压区。从该彩图可以看出,入口速度越大,阀芯处最大速度越大。最大入口速度为 40m/s 时,最大速度比入口速度高约 15%。由于在拐角处的流速最大,该处的冲击速度也最大,导致在通道壁和阀芯壁的出口交叉点附近出现严重的流动冲蚀。当入口速度从 20m/s 增加到 40m/s 时,阀芯壁的流动冲蚀区域不断扩大,流动冲蚀的严重程度增加,但冲蚀位置在通道壁中变化不大。入口速度为 40m/s 时阀尖处的流动冲蚀速率峰值大约是入口速度 20 m/s 时的流动冲蚀速率的 4 倍,而入口速度 40m/s 时,沿通道壁的最大流动冲蚀速率比进口速度 20m/s 时高约 4.65 倍。

较高的流速也会引起较大的结构变形,入口速度 40m/s 时阀芯的最大变形量达到1.33mm,比入口速度 20m/s 时高约 7.2 倍。

3. 阀门开度的影响

不同阀门开度时,流场的压力、速度、流动冲蚀速率、变形云图如彩图 38 所示(图中压力是以实际压力为背压的相对压力)。当阀门开度从 1.0 降至 0.5 时,压降越来越大,这是由于流量随着阀门开度的减小而不断增大。

与完全打开的阀门相比,小开度阀门受到更严重的流动冲蚀。然而,不同阀门开度时最大冲蚀速率的间隙小于不同入口速度产生的差异。阀门全开时壁面的冲蚀速率仅为阀门开度0.5 时的 4%。

当开度从 0.5 增加到 1.0 时,阀芯的变形从 0.95mm 减小到 0.23mm。然而,随着阀门开度的增加,变形降幅不断减小。开度从 0.5 增加到 0.75 时,减小幅度为 53.68%,而开度从0.75 增加到 1.0 时,则为 47.72%。

4. 入口阀通道尺寸的影响

彩图 39(图中压力是以实际压力为背压的相对压力)描述了进口阀通道尺寸(D_{in})变化时阀芯和沿通道壁的压力和速度分布、流动冲蚀速率以及阀芯变形的情况。随着进口阀道尺寸的增大,压降和最大流速均有所减小。较高的流速出现在较小的通道处,意味着颗粒碰撞的速度越高,流动冲蚀越严重。随着进口阀通道尺寸的减小,阀芯和通道壁面的最大冲蚀速率均增大。$D_{in} = 52$mm 阀芯的最大冲蚀速率仅为 $D_{in} = 30$mm 阀芯的 49.5% 左右。同样的趋势也出现在沿通道壁的最大流动冲蚀速率上,$D_{in} = 52$mm 时为 $D_{in} = 30$mm 时的 72.9%。

由于低速流体对阀芯壁的冲击力相对较小,所以阀芯的变形较小。对于 $D_{in} = 52$mm,阀芯的最大变形为 0.25mm,为 $D_{in} = 30$mm 的 56.8%。

5. 颗粒浓度的影响

由彩图 40 可知(图中压力是以实际压力为背压的相对压力),颗粒体积分数在改变流动冲蚀和变形程度方面起着重要作用,而压力和速度分布没有明显差异。随着颗粒体积分数的增加,流动冲蚀区域增大,流动冲蚀强度明显增强。颗粒体积分数从 3% 增加到 9% 时,严重流动冲蚀区域扩展到整个阀芯壁面向外的一侧以及阀芯附近的通道壁。颗粒浓度为 9% 时,阀芯壁面最大流动冲蚀速率约为颗粒浓度为 3% 时的 2.35 倍,而通道壁面最大流动冲蚀速率约为 2.39 倍。

颗粒浓度越大,阀芯的变形越大。这是由于高浓度的颗粒导致了更多颗粒撞击于阀芯壁面,使得加载在壁面上的冲击力更大。

6. 粒径的影响

如彩图 41 所示(图中压力是以实际压力为背压的相对压力),颗粒直径对阀门的流动冲蚀与变形影响明显,而压力和速度分布没有明显变化。随着粒径的增大,流动冲蚀速率和变形量均有明显的增大。颗粒直径为 0.12mm 时的阀芯壁面流动冲蚀速率最大值约是颗粒直径为 0.05mm 时的 5.48 倍,而粒径为 0.12mm 时沿通道壁的最大流动冲蚀速率约是颗粒直径 0.05mm 时的 11.06 倍。

虽然颗粒直径对流动冲蚀的影响比入口流速更明显,但对流动诱导变形的影响相对较小。当颗粒直径为 0.12 mm 时,阀芯的最大变形量为 0.85 mm,是颗粒直径 0.05mm 时的 2.43 倍左右。

7. 颗粒相组分的影响

这里将液滴加入到气流中,研究颗粒相组分对流动冲蚀和流动诱导变形的影响。

首先,离散相的总体积分数固定在 6%,对比了含 6% 砂粒的气流、含 6% 液滴的气流、含同等体积分数砂粒和液滴的气流流动。彩图 42(图中压力是以实际压力为背压的相对压力)为相组分对流场、流动冲蚀和流致变形的影响。当组分发生变化时,压力和速度分布会发生较小的变化,但流动冲蚀和变形变化明显。砂粒比液滴更容易造成严重的冲蚀,其原因是砂粒的质量较大,对阀壁的冲击力更大。砂粒对阀芯的流动冲蚀速率比同体积分数的液滴对阀芯的流动冲蚀速率高 3.6 倍左右。阀芯变形具有相同的趋势,液滴引起的阀尖变形量比相同体积分数的砂粒引起的变形量低 42.8%。

其次,将砂粒体积分数固定在 3%,液滴体积分数依次为 1%、3% 和 5%,观察液滴含量对流场、流动冲蚀和流致变形的影响,如彩图 43 所示(图中压力是以实际压力为背压的相对压力)。随着液滴含量的增加,压降略有增加,这是由于输送更多液滴需要消耗更多的能量。随着液滴含量的增加,更多的液滴撞击阀壁,导致阀芯周围流动冲蚀更为严重。含液量为 5% 时,阀芯的最大流动冲蚀速率比含液量 1% 时的最大流动冲蚀速率大 17.46% 左右,而对于沿通道壁的最大流动冲蚀速率,该值变为 13.79%。随着含液量从 5% 降低到 1%,阀芯的最大变形由 0.86 mm 减小到 0.32 mm。

最后,将液滴的体积分数固定在 3%,而砂粒的体积分数从 1% 增长为 5%。彩图 44(图中压力是以实际压力为背压的相对压力)显示了砂粒含量对流场、流动冲蚀和流致变形的影响。可见,压降、冲蚀速率和变形都与彩图 43 有类似趋势。这意味着无论是增加砂粒含量还是增加液滴含量都会带来更严重的流动冲蚀和变形。但是,影响程度有显著差异。随着砂粒含量的增加,流动冲蚀速率和变形程度的增加都大于液滴含量增加引起的影响。例如,对于 5% 砂粒含量,阀芯上的最大冲蚀速率比 1% 砂粒含量的最大冲蚀速率大 157.24%,而液滴含量增加引起的增长仅为 17.46%。

本节数值研究了针形阀的流动冲蚀和流致变形,得到以下主要结论:

(1)阀门的流场、流动冲蚀速率和变形对入口条件、结构及流体性质的变化都很敏感,但影响程度有显著差异。颗粒直径对流动冲蚀的影响最为显著,其次是气体速度,最后是颗粒相的变化。入口速度对阀芯变形的影响最大,其次是阀门开度,最后是颗粒浓度。

(2)阀尖流动冲蚀最为严重,其次是阀芯前的通道壁。阀芯面向出口一侧的流动冲蚀速率比背向出口侧壁的流动冲蚀速率高。阀芯变形明显,离阀尖越近,变形则越大。

第二节 旋风分离器的流动冲蚀

旋风分离器是目前石油化工行业中应用极为广泛的一种利用气固两相流体的旋转运

动使颗粒在离心力的作用下从气流中分离出来的装置,具有结构简单,耐高温、高压,维护方便,造价低等优点。然而,随着旋风分离器的广泛使用,其在实际运行中也逐渐暴露出了问题,尤其是旋风分离器壁面的磨损问题,已成为严重制约其应用与发展的首要问题。采用基于 CFD 的计算方法,计算分离器内部流场,追踪颗粒的运行轨道,计算气固两相流对壁面的磨损速率,分析壁面磨损的区域,为今后旋风分离器的优化设计和安全长周期运行提供了理论依据。

一、研究背景

本节数值模拟计算采用的直切式旋风分离器的几何结构如图 5 – 4 所示。旋风分离器的本体直径为 400mm,入口截面的直径为 90mm,长 500mm,排气芯管直径为 177mm,排气芯管插入深度为 160mm,锥形分离筒长 900mm,锥形分离器排尘口直径为 160mm。计算采用直角坐标系,模型以旋风分离器排气管出口截面中心为坐标原点,沿轴向向下为 x 轴正向,z 轴正向垂直于进气管。

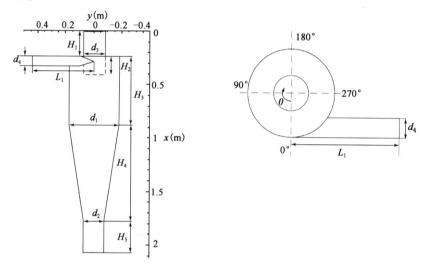

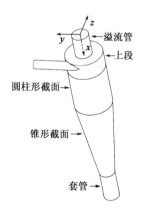

图 5 – 4 直切式旋风分离器的几何结构(单位:mm)

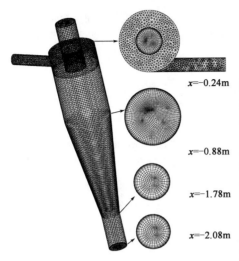

图 5-5 分离器网格划分

x=-0.24m

x=-0.88m

x=-1.78m

x=-2.08m

二、问题描述及方法

旋风分离器的计算模型和网格划分分别由 ProE 和 Ansys Mesh 完成,为保证计算精度,主要是采用分区组合生成网格的技术。考虑到分析旋风分离器壁面各部分磨损的方便性,将整个旋风分离器模型分成排气芯管、入口环形空间、筒体、锥体、灰斗筒体五部分分别进行网格划分。入口部分采用非结构化四面体网格划分,其他部分采用六面体网格划分,得到的旋风分离器网格如图 5-5 所示。整个分离器生成了 226025 个网格,第一层边界层厚度为 5×10^{-4} m,边界层共八层,增长速度为 1.5。表 5-4 为旋风分离器冲蚀模拟的组次。

表 5-4 分离器冲蚀模拟组次表

组次	气体入口流速 (m/s)	颗粒质量流量 (kg/s)	颗粒平均粒径 (μm)	颗粒最小粒径 (μm)	颗粒最大粒径 (μm)
1	10	0.00530	10	5	15
2	15	0.00530	10	5	15
3	20	0.00530	10	5	15
4	25	0.00530	10	5	15
5	30	0.00530	10	5	15
6	20	0.00170	10	5	15
7	20	0.00375	10	5	15
8	20	0.00730	10	5	15
9	20	0.00930	10	5	15

三、数值结果及讨论

1. 不同气流速度的分离器冲蚀

彩图 45 为模拟速度入口为 20m/s(标准组次)时旋风分离器各剖面气相速度的分布云图。左侧为 $z=0$ 纵剖面速度分布图,右侧分别为 $x=-350$mm,$x=-880$mm,$x=-1330$mm,$x=-2080$mm 处的横截面图。从 $z=0$ 截面可以看出越靠近中轴处速度越小,且排气芯管中轴线附近速度最小,分离器壁面处速度为零。由 $x=-350$mm 可以发现,流速先增大后减小,这是由于分离器入口定义为平均速度入口,当流动发展完全至壁面,呈现速度梯度,中心轴处的速度增大到 22m/s。由于动量的消耗,气体流逐渐降低。气流从入口进入旋风分离器,贴着分离器壁面向 x 轴负向做螺旋运动,当初始动量耗尽,气体由中心轴向上逃逸出分离器。因此,气体流速在靠近分离器壁面较大,在分离器中心轴处速度较小。

彩图 46 为分离器压力分布云图,可以看出旋风分离器的分布具有较好的轴对称性,沿径向半径的增加呈递增趋势,静压最高值在壁面附近,最低值处于内旋流中心,沿 x 方向的变化不大,而压力在内旋流区域急剧下降。最大压力值位于入口处,压力为 101480Pa。压力沿分离器轴向缓慢减小,而在径向减小较快。

彩图 47 为入口速度 20 m/s 时颗粒的分布位置与冲蚀速率云图。大量学者对分离器内部运动轨迹做了研究,研究表明:颗粒在旋风分离器内的运动情况与颗粒的粒径和进入旋风分离器的位置有关。粒径相同,入射位置不同,其运动轨迹不同;即使粒径相同,入射位置也相同,运动轨迹也可能不同,最终位置也不同。同一个小粒径颗粒从相同的位置入射,其运动轨迹可能有很多种情况;而同样的较大粒径的颗粒,由不同位置入射,其运动轨迹差别不大。这是由于小颗粒受湍流脉动的影响较显著,随机性很强,而大颗粒受湍流脉动的影响较小。这里讨论的射入颗粒直径为 5 ~ 15 μm,粒径呈正态分布,颗粒质量流量为 0.0053 kg/s。t = 0s 时,颗粒射入流场,在高速气体的作用下,颗粒由气体携带进入分离器。t = 0.2s 时颗粒由直线运动转变为曲线运动,大量颗粒打在正对入口管处的壁面上,由于颗粒存在沿直线向外部空间运动的趋势,所以正对入口管处的壁面冲蚀最严重,由冲蚀速率云图可以看出这个位置的冲蚀速率最大。颗粒在流畅中的运移轨迹呈螺旋状。当 t = 1s 时,部分颗粒流出分离器,在分离器顶端聚集有 t = 0.5s 时射入的颗粒,这是由于部分颗粒既没有被捕集,也没有从排气芯管逃逸,此部分颗粒被环形空间内局部二次流捕获,而聚集在旋风分离器的顶板附近,这个部位在分离器的使用中容易结垢,也会加速壁面的失效。粒径较小的颗粒由于受到的离心力小于受到的气体曳力而不能向旋风分离器的壁面方向移动,随内旋流从排气芯管逃逸。粒径较大的颗粒以一定的倾角螺旋下行到锥体末端而被捕集。

旋风分离器顶板的磨损与其附近气固两相的流动特性有很大关系。由于在分离器顶板附近环形空间的外侧区域有向上的轴向速度和向心的径向速度,轴向速度的存在使颗粒产生了向上的阻力,同时颗粒还受到曳力和离心力的作用,对于中型颗粒来说,重力与向上的阻力、曳力与离心力在此位置基本相当,使此种粒径的颗粒在此空间震荡、漂浮与旋转,从而形成了所谓的"顶灰环",顶灰环的持续作用造成了该区域的磨损。

旋风分离器分离空间(筒体和锥体)的磨损形态是以螺旋带状分布的,螺旋带具有一定的宽度,这与颗粒物料沿旋风分离器内壁面运动的轨迹一致,磨损值大小与壁面附近的颗粒数(浓度)分布是紧密相关的。在旋风分离器分离空间锥体段的磨损形态与筒体段相类似,也是呈螺旋带状分布,但螺旋带的螺距较筒体段小很多,在整个锥体段磨损量沿着轴向方向向下明显增加,且在锥体的下部附近或最低端达到了最大值,在锥体下部出现磨损峰值,形成一个磨损环。分离空间磨损带的出现是由于在旋风分离器分离空间壁面附近的含尘气体离开这些区域时,壁面上的颗粒会横向移动,结果将这些颗粒聚集后形成螺旋形的颗粒带,这些运动的颗粒带在旋风分离器运行一段时间后就形成了明显的磨损带。

2. 不同气体入口流速的分离器冲蚀

彩图 48 为不同气体入口流速下的分离器冲蚀云图。随着冲蚀时间增长,冲蚀面积与冲蚀速度均随之增长。当气体入口流速为 10m/s,冲蚀时间为 0.1s 时,冲蚀角对应 30°的位置处出现近似圆形的冲蚀,冲蚀并不严重。随着冲蚀时间增长,冲蚀角对应 20°~200°的壁面发生严重冲蚀。这是由于随着冲蚀时间变长,颗粒与分离器内壁发生冲击和碰撞的次数显著增大,同时,颗粒扫略的面积也会增大,壁面受冲击的面积也就增大了。随着入口气体流速的增大,分离器冲蚀效果和冲蚀速率也在增加。在较大入口流速影响下,颗粒在分离器内的运动速度也会增加,对壁面的冲击变大,容易加速分离器冲蚀。

分离器冲蚀最严重的部位是正对入口的位置,下端筒体和锥体的冲蚀形态呈螺旋分布。这是由于颗粒由高速气体携带,在分离器内做螺旋向下运动时,冲击壁面造成的。当气体流速为 30m/s 时,分离器筒体下端出现严重冲蚀。这是由于旋风分离器内筒体与锥体连接处气流不稳定引起的,壁面接触部位若存在颗粒物料时,就容易产生严重冲蚀。

3. 不同颗粒质量流量影响的分离器冲蚀

彩图 49 为不同颗粒质量流量下的分离器冲蚀云图。随着冲蚀时间增长,冲蚀面积与冲蚀速度均随之增长。随着颗粒质量流量增大,冲蚀面积与冲蚀速率均明显增大。与不同气体入口流速影响下的磨损情况相同,分离器冲蚀最严重的部位是正对入口的位置,下端筒体和锥体的冲蚀形态呈螺旋分布。

本节研究了直切型旋风分离器在高速气体携砂下的流动冲蚀,针对不同气体入口速度、不同颗粒质量流量条件开展模拟。模拟结果显示,分离器冲蚀最严重的部位是正对入口的位置,下端筒体和锥体的冲蚀形态呈螺旋分布。在个别情况下分离器筒体下端出现严重冲蚀。随着气体入口速度或颗粒质量流量的增大,分离器磨损面积与冲蚀速率均增大。

参 考 文 献

[1] Tan Y Q, Zhang H, Yang D M, et al. Numerical simulation of concrete pumping process and investigation of wear mechanism of the piping wall[J]. Tribol. Int, 2012, 46: 137-144.

[2] Tang P, Yang J, Zheng J Y, et al. Failure analysis and prediction of pipes due to the interaction between multiphase flow and structure[J]. Eng. Fail. Anal, 2009a, 16: 1749-1756.

[3] Chen X H, Mclaury B S, Shirazi S A. Numerical and experimental investigation of the relative erosion severity between plugged tees and elbows in dilute gas/solid two-phase flow[J]. Wear, 2006, 261: 715-729.

[4] Fan J R, Luo K, Zhang X Y, et al. Large eddy simulation of the anti-erosion characteristics of the ribbed-bend in gas-solid flows[J]. Eng. Gas Turbines Power, 2004, 126: 672-679.

[5] Li R, Yamaguchi A, Ninokata H. Computational fluid dynamics study of liquid droplet impingement erosion in the inner wall of a bent pipe[J]. Power Energy Syst,2010, 4: 327-336.

[6] Suzuki M, Inaba K, Yamamoto M. Numerical simulation of sand erosion in a square-section 90-degree bend[J]. Fluid Sci. Technol, 2008, 3: 868-880.

[7] Tang P, Yang J, Zheng J Y, et al. Erosion-corrosion failure of REAC pipes under multiphase flow[J]. Front. Energy Power Eng. Chin, 2009b, 3: 389-395.

[8] Yan B H, Gu H Y, Yu L. CFD analysis of the loss coefficient for a 90°bend inrolling motion[J]. Prog. Nucl. Energy, 2012, 56: 1-6.

[9] Derrick O N, Michael F. Modelling of pipe bend erosion by dilute particle suspensions[J]. Comput. Chem. Eng, 2012, 42: 235-247.

[10] Zhang H, Tan Y Q, Yang D M. Numerical investigation of the location of maximum erosive wear damage in el-

bow: effect of slurry velocity, bend orientation and angle of elbow[J]. Power Technol, 2012, 217: 467 - 476.

[11] Deng T, Patel M, Hutchings I M. Effect of bend orientation on life and puncture point location due to solid particle erosion of a high concentrated flow in pneumatic conveyors[J]. Wear, 2005, 258: 426 - 433.

[12] Feng Y M, Lin B H. Predicting the wall thinning engendered by erosion - corrosion using CFD methodology[J]. Nucl. Eng. Des. , 2010, 240: 2836 - 2841.

[13] Kimura I, Hosoda T. A non - linear $k - \varepsilon$ model with realizability for prediction of flows around bluff bodies[J]. Int. J. Numer. Methods Fluids, 2003, 8: 813 - 837.

[14] Sun L, Lin J Z, Wu F L. Effect of non - spherical particles on the fluid turbulence in a particulate pipe flow[J]. Hydrodyn, 2004, 16: 721 - 729.

[15] Dickenson J A, Sansaloned J J. Discrete phase model representation of particulate matter (PM) for simulating PM separation by hydrodynamic unit operations[J]. Environ. Sci. Technol, 2009, 43: 8220 - 8226.

[16] Xu W W, Wu D Z, Wang L Q. Coupling analysis of fluid - structure interaction in fluid - filled elbow pipe[J]. IOP Conf. Ser. : Earth Environ. Sci, 2012, 15(6):062001.

第六章
流动冲蚀抑制结构的效果评价

第一节 盲通管的流动冲蚀

介质流动所造成的冲蚀破坏是管道常见的失效形式,而弯头是管件的重要组成部分,其结构的特殊性使得弯头相对于其他部件更容易遭受流体介质的冲蚀作用。对于弯头本身而言,在流向急剧改变处加一个盲通管是缓解冲蚀的有效方法,盲通管缓冲弯头易于加工,成本低。因此,开展 CFD 模拟可以更好地进行参数敏感性分析,为盲通管弯头的加工设计提供参考。

一、研究背景

本节以盲通管弯头为研究对象,分析盲通管弯头的流场分布、颗粒运动轨迹和颗粒冲蚀规律。盲通管弯头尺寸如图 6 – 1 所示(箭头代表流动方向),其管径为 0.2246m,入口段长度 $L_{in}=30m$,出口段长度 $L_{out}=15m$,盲通段长度 $L_m=0.4m$。盲通管弯头其他参数、边界和初始条件见表 6 – 1。图 6 – 2 是由 ANSYS ICEM – CFD 划分的计算域网格。本节模拟中采用的网格均为结构型六面体网格,网格数量为 106592 个。

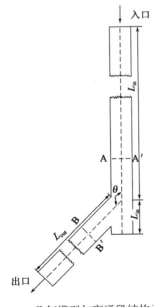

图 6 – 1 几何模型与盲通段结构示意图

图 6 – 2 盲通弯管处网格划分示意图

表 6 - 1　盲通管弯头模拟参数

外径 （mm）	弯头转角 （°）	颗粒平均直径 （mm）	颗粒密度 （kg/m³）
224.6	120	0.8	2350

二、数值结果及讨论

1. 不同气流速度的盲通管冲蚀

设入口气体流速范围为 30 ~ 50m/s，每间隔 5m/s 取一组工况进行分析。如彩图 50 所示，在管线轴向截面上，盲通弯管段存在明显压降，沿流向具有明显的压力梯度。最大压力出现在弯管外拱端，最小压力沿弯管内拱壁分布，主要是由于流动方向发生了改变，流体在弯管段产生了离心力。弯管段压力梯度的存在，形成了垂直于流向的二次流。由压力云图可知，轴向截面上最大径向压力梯度随着流速的增大而增大。

由彩图 51 可见，在盲通段和变管内拱壁处都出现了不同程度的涡旋。尤其在盲通段，涡旋现象更为显著。涡旋的存在增加了颗粒在盲通段的停留时间，多次与盲通段管壁碰撞，增加了颗粒能量的耗散，使得颗粒更容易逗留于此。

彩图 52 为不同气流速度下的冲蚀速率云图，砂粒直径范围为 0.6 ~ 1.0mm，并呈正态分布，平均粒径为 0.8mm。由图可见：受重力影响，盲通管下部的冲蚀比上部更严重。随着流速的增加，盲通段的最大冲蚀速率不断增加，其主要原因是密度较大的颗粒由于惯性更大，流向发生变化时，在惯性力的作用下冲击盲通段管壁，使盲通段冲蚀最为严重，而下游冲蚀则得到缓解。

2. 不同质量流量下的盲通管冲蚀

固定入口气体流速为 40m/s，选取砂粒直径范围为 0.6 ~ 1.0mm，并呈正态分布，平均粒径为 0.8mm。砂粒的质量流量变化范围为 0.246 ~ 0.312kg/s。

彩图 53 为不同砂粒质量流量下的冲蚀速率云图。随着质量流量的增加，盲通管的冲蚀更加严重，其冲蚀影响的区域基本没有发生变化，但最大冲蚀速率明显增加。

3. 不同盲通长度下的盲通管冲蚀

固定气流速度为 40m/s，砂粒直径范围为 0.6 ~ 1.0mm，并呈正态分布，平均粒径为 0.8mm，砂砾质量流量为 0.275kg/s，改变盲通管长度进行模拟分析，盲通长度变化范围在 0.3 ~ 0.45m 之间。

由彩图 54 中可见，盲通段长度的增加可以增加涡旋作用范围和程度，增大岩屑缓冲范围，盲通段越长，其底壁的冲蚀得到的缓冲作用越大。

通过本节中对盲通弯管冲蚀的数值研究，可以得到如下结论：

（1）盲通段出现了涡旋增加了颗粒在盲通段的停留时间，增强了颗粒能量的耗散，并且许多颗粒反弹后仍集中在盲通段附近，因此颗粒冲蚀主要发生在盲通段，对下游管段的冲蚀起到了缓冲作用。

（2）盲通管中流速越高，冲蚀越严重。因此，针对不同流速工况下的盲通管，预防措施应作出相应的调整。

（3）含砂率越高，盲通管中的冲蚀越发严重。

（4）盲通段长度的增加可以增加涡旋作用范围和程度，增大岩屑缓冲范围。

第二节　加肋条弯管的流动冲蚀

弯管是输流管道中受冲蚀影响较明显的管体之一，保护弯管免受颗粒冲蚀对延长其使用寿命和减少运行维护成本至关重要。开发新的高性能合金和涂层是提高弯管自身抗冲蚀性能的传统方法。但是，这种方法不仅增加了成本，而且增加了制造难度。从气固两相流的角度出发，对管道进行几何修正，控制气固两相流的流动或改变气固两相流的流动方向，可以减少冲蚀。Duarte 等[1]研究了一种在标准弯管的外拱壁上添加涡流室来减轻冲蚀的方法。Santos 等[2]则提出在弯管上游插入螺旋导流板以减弱颗粒与弯管壁的直接碰撞。尽管如此，颗粒碰撞也会磨损这些替代结构。涡流室或螺旋导流板一旦损坏，需要整体更换，增加了更换的时间和成本。与上述几何修正相比，在弯管内壁加肋条是一种更简单的抗冲蚀方法。此外，肋条磨损后不用更换整个弯管，只需更换肋条，极大节省了开支。因此，本研究的主要目的是探讨标准弯管外拱壁加肋条的抗冲蚀效果，讨论气流速度、颗粒浓度和肋片安装位置等因素的影响。

一、研究背景

如图 6-3 所示，90°水平弯管直径为 70mm、弯比为 $r/d = 1.5$，弯管材质为碳钢，密度为 7800kg/m³，杨氏模量为 2×10^{11}GPa，泊松比为 0.3。在弯管的外拱壁上安装有碳钢制成的梯形肋条。肋条的高度和轴向角度分别为 5mm 和 5°，肋条的环形角度为 180°，即沿着环形方向覆盖一半的弯管。肋条的位置（θ）定义为由弯管入口到肋条正面的距离。

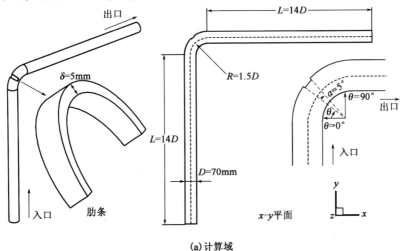

(a) 计算域

图 6-3　几何和计算网格示意图

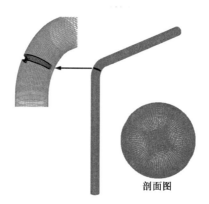

剖面图

(b)计算网格

图6-3　几何和计算网格示意图(续)

本节对12个不同位置的安装效果进行了模拟分析,主要参数见表6-2。流体为密度和黏度恒定的天然气,气体流速范围从10m/s变化到60m/s,增量为10 m/s。携带的颗粒为石英砂,平均直径500μm,圆度0.85,质量流量为0.01~0.06kg/s,颗粒入口体积分数介于4.905×10^{-5}~2.943×10^{-4}之间。模拟中未考虑颗粒间的碰撞。管道入口定义为速度边界条件,出口处为压力出口,压强为0Pa,管壁为无滑移边界。

表6-2　主要参数

参　　　　数	数　值	参　　　　数	数　值
弯管直径 D(mm)	70	载液	天然气
弯管半径 R(mm)	105	流体密度 ρ(kg/m³)	0.668
直管上游长度 L(mm)	980	流体动力黏度 μ(Pa·s)	1.087×10^{-5}
直管后部长度 L(mm)	980	流体流速 v_{in}(m/s)	10^{-60}
肋高 σ(mm)	5	颗粒密度 ρ_p(kg/m³)	2650
弯管及肋壁粗糙度(mm)	0.01	中值粒径 d_p(μm)	500
环向肋中心角(°)	180	颗粒形状系数 f	0.85
沿弯管轴向的肋条中心角 α(°)	5	砂子硬度莫氏标度	7
沿弯管轴向的肋条位置 θ(°)	0~75	颗粒质量流量 Q_{mp}(kg/s)	0.01~0.06
目标材料布氏硬度 BH	260	颗粒入口体积分数 α_{vp}	4.905×10^{-5} 2.943×10^{-4}

二、问题描述及方法

1.控制方程和求解方法

作为连续相的天然气,采用欧拉法的雷诺时均 NS 方程求解,而离散相砂粒则采用基于拉格朗日的 DPM 方法追踪。采用可实现的 $k-\varepsilon$ 湍流模型使方程组封闭,颗粒的运动方程表示为

$$\frac{\mathrm{d}v_{\mathrm{p}}}{\mathrm{d}x} = f_{\mathrm{D}} + f_{\mathrm{P}} + f_{\mathrm{VM}} \tag{6-1}$$

其中

$$f_{\mathrm{D}} = \frac{C_{\mathrm{D}} Re_{\mathrm{p}}}{24 \tau_{\mathrm{t}}} (v - v_{\mathrm{p}}) \tag{6-2}$$

$$f_{\mathrm{P}} = \left(\frac{\rho}{\rho_{\mathrm{p}}}\right) \nabla P \tag{6-3}$$

$$f_{\mathrm{G}} = \left(\frac{\rho_{\mathrm{p}} - \rho}{\rho_{\mathrm{p}}}\right) g \tag{6-4}$$

$$f_{\mathrm{VM}} = \frac{\rho}{\rho_{\mathrm{p}}} \frac{d(v - v_{\mathrm{g}})}{\mathrm{d}t} \tag{6-5}$$

$$Re_{\mathrm{p}} = \frac{\rho d_{\mathrm{P}} \mid v_{\mathrm{g}} - v \mid}{\mu g} \tag{6-6}$$

$$\tau_{\mathrm{t}} = \frac{\rho_{\mathrm{p}} d_{\mathrm{p}}^2}{18 \mu_{\mathrm{g}}} \tag{6-7}$$

$$C_{\mathrm{D}} = \frac{24}{Re_{\mathrm{p}}} (1 + n_1 Re_{\mathrm{p}}^{n_2}) + \frac{n_3 Re_{\mathrm{p}}}{n_4 + Re_{\mathrm{p}}} \tag{6-8}$$

式中　v_{p}——颗粒速度；

f_{D}——单位质量阻力；

f_{P}——单位质量压力梯度力；

f_{VM}——单位质量的附加质量力；

C_{D}——颗粒阻力系数；

Re_{p}——颗粒雷诺数；

f_{G}——单位质量浮力；

ρ_{p}——颗粒密度；

p——静压；

ρ——流体密度；

v_{g}——气体速度；

g——重力加速度；

τ_{t}——颗粒松弛时间；

d_{p}——颗粒直径；

μ_{g}——气体动力黏度；

n_1——0.186；

n_2——0.653；

n_3——0.437；

n_4——7178.741。

　　颗粒在管壁上撞击后存在动量损失，Wakeman 和 Tabakoff 等[3]定义颗粒的反弹速度与撞击速度之比为恢复系数。通常,用两个恢复系数(法向系数和切向系数)来描述颗粒的反弹。

Grant、Tabakoff[4] 和 Forder 等人分别根据铝和钢作为目标材料的实验数据提出了颗粒反弹模型。为了准确地捕捉粒子运动轨迹,这里使用了 Forder[5] 提出的粒子反弹模型:

$$e_n = 0.988 - 0.78\alpha + 0.19 \alpha^2 - 0.024 \alpha^3 + 0.027 \alpha^4 \qquad (6-9)$$

$$e_t = 1 - 0.78\alpha + 0.84 \alpha^2 - 0.21 \alpha^3 + 0.028 \alpha^4 - 0.022 \alpha^5 \qquad (6-10)$$

式中 e_n ——法向系数;

α ——法向颗粒撞击角度;

e_t ——切向系数。

根据不同条件和目标材料的实验数据,学者们提出了几种典型的冲蚀模型,包括 Finnie 冲蚀模型[6,7]、Oka 冲蚀模型[8,9]、E/CRC 冲蚀模型[10] 和 Ahlert 冲蚀模型[11]。E/CRC 模型由塔尔萨大学冲蚀研究中心提出,根据多次冲击试验,建立了考虑颗粒硬度和颗粒锐度的冲蚀模型,用来预测碳钢的冲蚀情况[12]。考虑到相似的条件和目标材料(碳钢),这里选用 E/CRC 模型[12] 进行冲蚀速率预测。

$$e = \sum \frac{C (BH)^{-0.59} Q_p F_s f(\beta) v_p^n}{A_f} \qquad (6-11)$$

$$f(\beta) = 5.40\beta - 10.11 \beta^2 + 10.93 \beta^3 - 6.33 \beta^4 + 1.42 \beta^5 \qquad (6-12)$$

式中 e ——冲蚀速率;

C ——碳钢的经验常数(2.17×10^{-7});

BH ——目标材料的布氏硬度;

Q_p ——颗粒质量流量;

F_s ——颗粒锐度系数,锋利的颗粒 $F_s = 1$,半圆形颗粒 $F_s = 0.53$,圆形颗粒 $F_s = 0.2$;

$f(\beta)$ ——冲击角的函数,取决于材料,其值介于 0 和 1 之间;

v_p ——颗粒冲击速度;

n ——相应的速度指数,取 2.41;

A_f ——被颗粒冲击的面积。

本节采用 ANSYS Fluent 14.5 进行模拟,粒子反弹模型和 E/CRC 冲蚀模型采用用户定义函数(UDF)嵌入到代码中[13]。气体和颗粒之间的相互作用通过粒子—流体双向耦合来实现,即通过交替求解连续相和离散相方程来实现,直到得到收敛解。气体和颗粒之间的动量传递通过下式计算:

$$S_M = \frac{\sum (f_D + f_P + f_G + f_{VM})Q\Delta t}{V_{cell}} \qquad (6-13)$$

式中 Δt ——时间步长(0.001 s);

V_{cell} ——单元的体积。

采用 SIMPLE 算法对流体的压力和速度进行耦合。采用二阶迎风格式和二阶中心差分格式分别求解对流项和扩散项[14]。利用颗粒反弹模型得到了颗粒的碰撞信息,然后将冲击数据应用到冲蚀模型中,计算冲蚀速率[15]。在迭代过程中,将收敛准则设定为每个方程控制体积中的残差小于 10^{-5},连续相和离散相交替迭代。在每个时间步长中,从入口注入 120 个颗粒。在计算域中总共跟踪了 12000 个颗粒。

2. 计算网格

如图 6-3 所示,整个计算域用六面体单元划分。为了精确求解边界层,采用八层边界层网格,增长因子 1.1,y^+ 保持在 5 以下,其中 y^+ 定义为

$$y^+ = \frac{y\,u_\tau}{\nu} \qquad\qquad (6-14)$$

$$u_\tau = \sqrt{\tau_w/\rho} \qquad\qquad (6-15)$$

式中　y——第一层网格的厚度;

　　　u_τ——摩阻速度;

　　　ν——气体的运动黏度;

　　　τ_w——壁面剪应力。

将计算域的网格尺寸减小到数值结果没有明显变化为止。表 6-3 描述了五个具有代表性的网格在网格无关性测试中的结果。

表 6-3　网格无关性测试

网　格	个　数	$e_{max}\left[\,\mathrm{kg}/(\mathrm{m}^2 \cdot \mathrm{s})\,\right]$	
		数值	百分数变化
M1	137,688	2.96×10^{-5}	—
M2	206,532	2.41×10^{-5}	18.58%
M3	309,800	2.17×10^{-5}	9.96%
M4	464,700	2.07×10^{-5}	4.61%
M5	697,050	2.05×10^{-5}	0.97%

由最大冲蚀速率的百分比可见,最大差值 18.58% 发生在 M1 和 M2 之间,到 M5 时变化减小到 0.97%,而 M4 到 M5 的 CPU 计算时间增加了 81.2%。因此,M4 兼顾了精度和计算成本,其网格数为 464700 个。

3. 模型验证

在室内对标准弯管的冲蚀进行了试验测试,用于验证数值模型,实验环道的示意如图 6-4 所示。实验在直径为 53mm 的环道中进行,测试弯管为弯径比为 3 的可拆卸弯管。空气通过气泵泵入管道,速度介于 5~30m/s 之间。颗粒的直径为 425~550μm,由特定孔径 (30~35 目)的筛网筛选得到。将一定重量的颗粒添加到气固分离器中,分离器底部有一个锥形的添料口。在分离器中轴安装了一个螺旋搅拌器。

由电动机驱动的螺旋搅拌器可以将颗粒稳定地加入测试管道。颗粒注入环道后,含砂气流通过一条长 4.5m 的直管,经过弯管后进入一条长 0.647m 的垂直管道。之后,气固两相流通过弯管过渡至长度为 4.2m 的水平管。水平管的末端连接至气固分离器。在常压下,空气和砂粒在分离器中被分离。分离后,空气被排放至大气中,而颗粒再次被注入环道中。如图 6-4 所示,在测试弯管的外拱壁处加工了三个凹槽。在凹槽中放置 3 个相同尺寸的试样 (5.0mm×5.0mm×3.0mm)。试验弯管和试样均为碳钢。72h 后,用电子天秤测量每个样品的质量损失,精确到 0.1mg。表 6-4 列出了实验中试样的初始和最终质量。

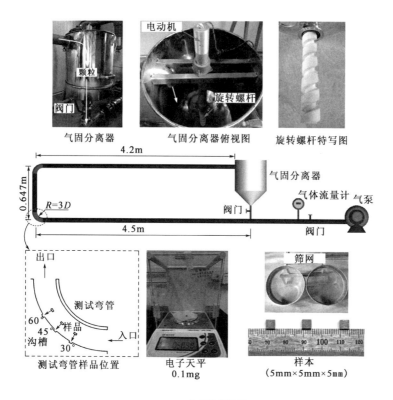

(a)实验装置

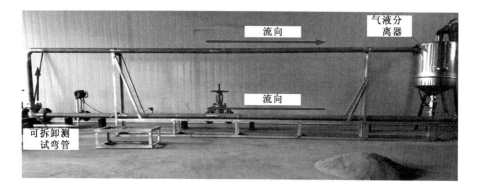

(b)全貌图

图6-4 实验环道的示意图

表6-4 试样的初始与最终质量

样本	气流速度（m/s）	初始质量（g）	最终质量（g）	质量损失（g）
30°	5	0.7688	0.7034	0.0654
	10	0.7686	0.6857	0.0829
	15	0.7689	0.6425	0.1264
	20	0.7687	0.5587	0.2100
	25	0.7691	0.4762	0.2929
	30	0.7685	0.3084	0.4601
45°	5	0.7692	0.7083	0.0609
	10	0.7691	0.6946	0.0745
	15	0.7693	0.6553	0.1140
	20	0.7694	0.5731	0.1963
	25	0.7692	0.4854	0.2838
	30	0.7690	0.3238	0.4452
60°	5	0.7690	0.7204	0.0486
	10	0.7689	0.7047	0.0642
	15	0.7693	0.6799	0.0894
	20	0.7691	0.5838	0.1853
	25	0.7692	0.5087	0.2605
	30	0.7688	0.3586	0.4102

冲蚀速率可通过下式计算：

$$e = \frac{\Delta w}{\Delta T\, A_{\mathrm{f}}} \tag{6-16}$$

式中 Δw ——一段时间内的质量损失；

ΔT ——相应的冲蚀时间；

A_{f} ——受冲蚀面积。

冲蚀速率的单位是 $\mathrm{kg/(m^{-2} \cdot s)}$，通过将 e 除以 ρ（目标材料的密度）很容易将单位转换为 $\mathrm{m/s}$。

图6-5描述了冲蚀前后试样的表面形态，可见不同位置的瘢痕形状和深度不同。30°部位试样上的磨损切削占主导地位，而45°位置（弯管外拱壁的中间区域）的磨损从切割变为犁削和压痕。在60°处可见明显的深坑及坑周围的微小切痕，此微观形貌与Zhang[16]等人报道的实验结果吻合。

另外，根据前人的实验条件，进行了数值验证。图6-6和彩图55对比了数值结果与实验数据。当气体流速为10m/s时，最大偏差出现在 $\theta=30°$ 处，为19.5%。然而，大多数偏差都在10%以下，表明模拟结果与实验数据吻合较好。数值结果略大于实验结果，是因为颗粒形状由于撞击可能会改变，而模拟中忽略了这一影响。此外，弯管壁附近的颗粒碰撞会抑制颗粒对壁面的撞击[17]。

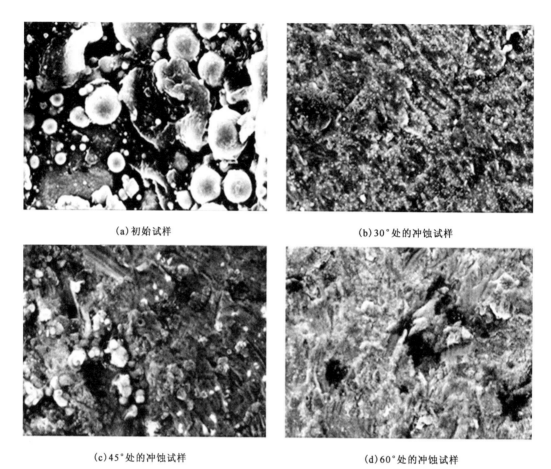

（a）初始试样   （b）30°处的冲蚀试样

（c）45°处的冲蚀试样   （d）60°处的冲蚀试样

图 6 - 5   试样的表面形态(扫描电镜,放大 5000 倍)

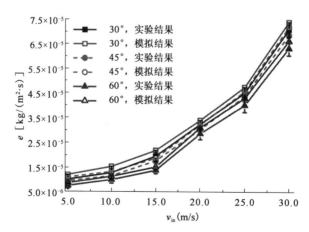

图 6 - 6   数值结果与实验结果的对比

（携砂气流, $d = 53\text{mm}, r = 3d, q_\text{P} = 0.02\text{kg/s}, d_\text{P} = 425 \sim 550\ \mu\text{m}, 30 \sim 35$ 目）

三、数值结果及讨论

1. 肋条位置的影响

彩图 56 显示了带肋条弯管轴向截面的速度矢量,可见气固两相流在内拱壁附近加速,在外拱壁附近减速。在 $\theta = 15° \sim 35°$ 范围内,肋条对沿径向的流速梯度有明显影响。此外,在肋条背后形成了一个涡流区,涡流尺寸随着肋条从 0° 移动到 45° 而减小,但位置角进一步增大时,涡流尺寸没有明显变化。这表明,安装在弯管入口附近的肋片对流场的影响更大。

彩图 57 给出了作用在带肋条弯管壁上的剪切应力。由于速度分布的不均匀,内拱壁出现了较高的剪切应力,而外拱壁的剪切应力较低。有趣的是,内拱壁有三个局部高应力区。一个出现在 0° ~ 45° 处,这是由于流动方向改变,流速加速引起的。另外两个区域位于第一个下游的两侧。这是由第一次撞击后颗粒的分离轨迹决定的[18],这将在彩图 58 中得到证实。当安装角大于 40° 时,两个小区域与第一个区域相邻。在外拱壁上,由于肋条前的停滞和肋条后的涡流,肋前、肋后表面均承受局部的低应力。位置角从 0° 增加到 45° 时,肋后局部低应力区面积逐渐减小。相反,肋前局部低应力区的面积逐渐增大,这是由外拱壁和肋条引起的流动阻塞造成的。

彩图 58 显示了带肋条弯管的冲蚀速率和颗粒轨迹。在弯管外拱上形成了一个有 V 形疤痕的椭圆冲蚀带,这与颗粒运动轨迹密切相关。颗粒首先在约 35° 处撞击外拱壁,出现最大冲蚀速率。粒子反弹后主要分为两组,沿两个不同但几乎对称的方向运动。当两组颗粒到达与 V 形冲蚀疤对应的壁面时,发生了第二次撞击[18]。第二次撞击与第一次冲击非常接近,解释了冲蚀速率的分布。这一观察结果与 Chen[19],Peng 和 Cao[10] 以及 Solnordal 等[20] 的数值结果一致。

肋条安装后,虽然冲蚀速率云图被肋片分成了两个部分,但冲蚀分布没有明显变化。当肋条位置角低于 35° 时,颗粒冲蚀被抑制。如彩图 58 所示,部分颗粒在撞击肋条后反弹到上游。靠近弯管入口,颗粒就反弹越明显。因此,肋条保护了弯管不受到颗粒的直接撞击。由于标准弯管的第一次撞击发生在 35° 处,因此小位置角处的肋条($\theta < 35°$)作为一个牺牲元件,消耗了颗粒第一次撞击的大部分动能。这刚好解释了为什么在 $\theta < 35°$ 时,随着安装角从 0° 增加到 35° 时,弯管的冲蚀速率降低,而肋条的冲蚀变得更为严重。在 $\theta = 35°$ 和 $\theta = 40°$ 时,不仅肋条受到严重的冲蚀,在第一次冲击和颗粒反弹的联合作用下,肋条前方的弯管外拱壁也受到严重的冲蚀。这表明,在第一次冲击附近放置肋条不会抑制冲蚀,反而会增强冲蚀。当安装角为 45° 时,肋条不能保护弯管免受第一次撞击,但颗粒的反弹在一定程度上影响了第一次撞击。因此,最大冲蚀速率小于 $\theta = 40°$ 时的冲蚀速率。当肋条进一步向后移动($\theta = 60°$ 和 $\theta = 75°$)时,肋条引起的反弹作用减弱,因此冲蚀接近于标准弯管的冲蚀。值得注意的是,位于 $\theta = 60°$ 处的肋条对 V 形疤痕有影响,但不影响肋条前方的严重冲蚀区。因此,位于小角度的肋条可防止颗粒撞击弯管,而在大角度位置,抗冲蚀作用减弱。

图 6 - 7 显示了最大冲蚀速率与肋条位置角的关系。虚线表示标准弯管的最大冲蚀速率。在 $\theta \leqslant 30°$ 时，弯管和肋条的冲蚀速率均小于标准弯管。在 $\theta = 25°$ 处出现了最佳的抗冲蚀性能，冲蚀速率峰值降低至 31.4%。$\theta = 35° \sim 40°$ 处肋条起反作用，肋条本身也遭受严重冲蚀，这是不推荐的。由于肋条无法保护弯管免受第一次撞击，因此在 $\theta \geqslant 45°$ 处的抗冲蚀性也不佳。

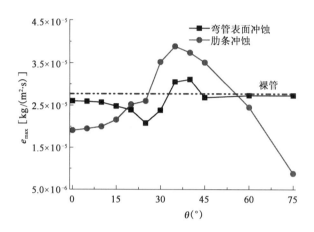

图 6 - 7　最大冲蚀速率与肋条位置角的关系（$v_{in} = 20\text{m/s}$，$Q_{mp} = 0.02\text{kg/s}$）

2. 流速的影响

选择 $\theta = 5°$、$25°$、$45°$ 和 $60°$ 四种安装位置的带肋条弯管分析气体速度的影响。由彩图 59 可以看出，肋条后方涡的大小随流速的增大略有增大，说明防护区逐渐增大，因此，冲蚀增长率在 $\theta = 5°$ 和 $\theta = 25°$ 时随流速的增大而减小，如图 6 - 8 所示。然而，由于含砂气流的动能与流速成平方关系，弯管的冲蚀程度仍然增强。

如彩图 60 所示，从肋条反弹的颗粒更容易被高速气流携带至下游，气流越慢，反弹颗粒的轨迹越混乱。因此，粒子在低流速时分布更均匀，从而减弱了与弯管壁的直接碰撞。随着流速的增加，肋条和弯管壁的冲蚀都越来越严重，表现为肋条的牺牲速度加快，抗冲蚀效果减弱。值得注意的是，在 $v_{in} = 30\text{m/s}$ 时，V 形疤痕之间会出现新的疤痕，表明二次冲击也得到了增强。

从图 6 - 8 还可以看出，随着流速的增加，弯管和肋条的最大冲蚀速率都在增加。当气体速度从 10m/s 增加到 30m/s 时，冲蚀的增长速度相对较慢，而在 $v_{in} > 30\text{m/s}$ 时，冲蚀的增长速度加快。当肋条以较小的位置角（5°和 25°）安装时，随着流速从 40 m/s 进一步增加到 60m/s，增长率有一定的降低。当肋条以 45°或 60°安装时，最大冲蚀速率与标准弯管变化趋势相同，抗冲蚀效果明显减弱。

如图 6 - 8(b)所示，位于 $\theta = 45°$ 的肋条遭受最严重的冲蚀。原因是安装在弯管壁第一次撞击之后的肋条承受正面接触的颗粒数量相对较大。第二次严重冲蚀发生在 $\theta = 25°$ 处，其中肋条为外拱壁提供了良好的保护，防止了颗粒的撞击。最小值出现在 $\theta = 5°$ 处，因为肋条承担了颗粒的撞击。因此，考虑到肋条的损耗速度和抗冲蚀效果，将梯形肋置于 $\theta = 25°$ 是较好的选择。

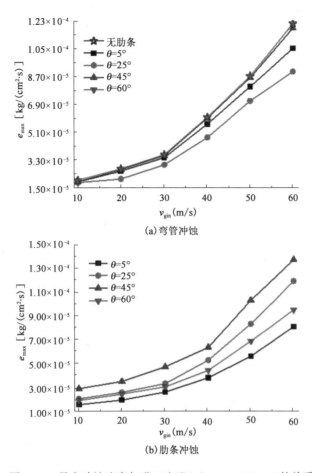

(a)弯管冲蚀

(b)肋条冲蚀

图6-8 最大冲蚀速率与进口流速($Q_{mp}=0.02\text{kg/s}$)的关系

3. 颗粒质量流量的影响

如彩图61所示,颗粒的质量流量对冲蚀有明显影响,质量流量越大,弯管冲蚀越严重,颗粒撞击数量的增加导致冲蚀加剧。从图6-9可以看出,弯管的最大冲蚀速率随颗粒质量流量的增加而线性增加。与图6-8中的变化类似,当肋条置于45°或60°时,最大冲蚀速率与标准弯管一致。这进一步表明,位于第一次冲击后的肋条对抗冲蚀性能的影响较小。与其他三种情况相比,当质量流量增加时,肋条位于 $\theta=25°$ 的弯管保持最小值。因此,在本研究的质量流量范围内,将肋条置于 $\theta=25°$ 处,可获得最佳的抗冲蚀性能。

如图6-9所示,肋条最大冲蚀速率曲线上有一个拐点。当质量流量小于0.04kg/s时,冲蚀速率加快,但当质量流量进一步从0.04kg/s增加到0.06kg/s时,增长率减慢。虽然随着颗粒浓度的增加,颗粒对弯管壁的冲击增加,但颗粒对肋条的冲击有限,并不随质量流量的增加而线性增加。这就表明,由于肋条高度有限,并非所有的颗粒都能被肋条残留。

采用CFD-DPM模拟研究了梯形肋条对90°弯管的抗冲蚀效果,得出以下结论:

(1)颗粒的第一次撞击发生在35°处,形成椭圆冲蚀带。反弹粒子主要分为两股再次撞击外拱壁,形成一个V形的冲蚀疤痕。

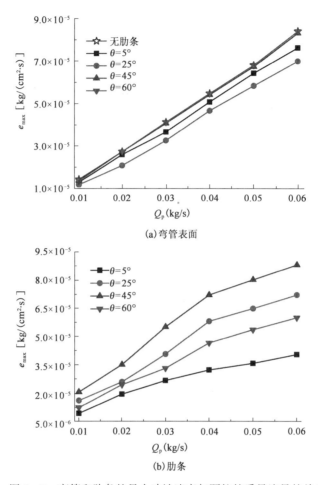

(a)弯管表面

(b)肋条

图 6-9 弯管和肋条的最大冲蚀速率与颗粒的质量流量的关系

（2）肋条置于第一次撞击前，作为一个牺牲元件，保护了弯管免受颗粒的直接撞击。然而，随着肋条向后移动，抗冲蚀作用减弱。$\theta = 25°$ 为最佳的抗冲蚀位置，最大冲蚀速率降低 31.4%，而 $\theta = 35° \sim 45°$ 时，肋条起反作用，肋条的牺牲速度达到最大值。

（3）由于反弹作用，颗粒在低速流中分布更加均匀，减少了对弯管的直接碰撞。随着流速的增大，肋条的牺牲速度加快而抗冲蚀作用减弱。此外，第二次撞击也得到了加强。颗粒质量流量越大，弯管冲蚀越严重。最大冲蚀速率随颗粒质量流量的增大而线性增大。考虑到肋条的牺牲速度和抗冲蚀效果，在 $\theta = 25°$ 处放置肋条是较优的选择。

参 考 文 献

［1］ Duarte C A R, Souza F J D, Salvo R D V, et al. The role of inter – particle collisions on elbow erosion［J］. Int. J. Multiphase Flow, 2017,89：1 – 22.

［2］ Santos V F D, Souza F J D, Duarte C A R. Reducing bend erosion with a twisted tape insert［J］. Powder Technol., 2016, 301：889 – 910.

［3］ Wakeman T, Tabakoff W. Measured Particle Rebound Characteristics Useful for Erosion Prediction［C］//ASME

International Gas Turbine Conference and Exhibit. USA, New York, 1982.

[4] Grant G, Tabakoff W. Erosion prediction in turbomachinery resulting from environmental solid particles[J]. J. Aircr. , 1975, 12(5): 471 – 478.

[5] Forder A, Thew M, Harrison D. A numerical investigation of solid particle erosion experienced within oilfield control valves[J]. Wear, 1998, 216(2): 184 – 193.

[6] Finnie I. Erosion of surfaces by solid particles[J]. Wear, 1960, 3(2): 87 – 103.

[7] Finnie I. Some reflections on the past and future of erosion[J]. Wear, 1995, 186 – 187: 1 – 10.

[8] Oka Y I, Okamura K, Yoshida T. Practical estimation of erosion damage caused by solid particle impact part 1: effects of impact parameters on a predictive equation[J]. Wear, 2005, 259: 95 – 101.

[9] Oka Y I, Yoshida T. Practical estimation of erosion damage caused by solid particle impact part 2: mechanical properties of materials directly associated with erosion damage[J]. Wear, 2005, 259: 102 – 109.

[10] Zhang Y, Reuterfors E, McLaury B S, et al. Comparison of computed and measured particle velocities and erosion in water and air flows[J]. Wear, 2007, 263: 330 – 338.

[11] Ahlert K. Effects of Particle Impingement Angle and Surface Wetting on Solid Particle Erosion on ANSI 1018 Steel[D]. PhD Thesis, University of Tulsa, 1994.

[12] W S Peng, X W Cao. Numerical simulation of solid particle erosion in pipe bends for liquid – solid flow. Powder Technol, 2016(294): 266 – 279.

[13] Zhu H J, Pan Q, Zhang W L, et al. CFD simulations off low erosion and flow – induced deformation of needle valve: effects of operation, structure and fluid parameters[J]. Nucl. Eng. Des. , 2014, 273: 396 – 411.

[14] Zhu H J, Wang J, Ba B, et al. Numerical investigation off low erosion and flow induced displacement of gas well relief line[J]. J. Loss Prev. Process Indust. , 2015, 37: 19 – 32.

[15] Zhu H J, Han Q H, Wang J, et al. Numerical investigation of the process and flow erosion of flushing oil tank with nitrogen[J]. Powder Technol. , 2015, 275: 12 – 24.

[16] Zhang J X, Kang J, Fan J C, et al. Research on erosion wear of high – pressure pipes during hydraulic fracturing slurry flow[J]. J. Loss Prev. Process Indust. , 2016, 43: 438 – 448.

[17] Duarte C A R, Souza F J D, Salvo R D V, et al. Mitigating elbow erosion with a vortex chamber[J]. Powder Technol. , 2016, 288: 6 – 25.

[18] Peng W, Cao X. Numerical prediction of erosion distributions and solid particle trajectories in elbows for gas – solid flow[J]. J. Nat. Gas Sci. Eng. , 2016, 30: 455 – 470.

[19] Chen X, Mclaury B S, Shirazi S A. Application and experimental validation of a computational fluid dynamics (CFD) – based erosion prediction model in elbows and plugged tees[J]. Comput. Fluids. , 2004, 33(10): 1251 – 1272.

[20] Solnordal C B, Wong C Y, Boulanger J. An experimental and numerical analysis of erosion caused by sand pneumatically conveyed through a standard pipe elbow[J]. Wear, 2015, 336 – 337: 43 – 57.

附 录 彩 图

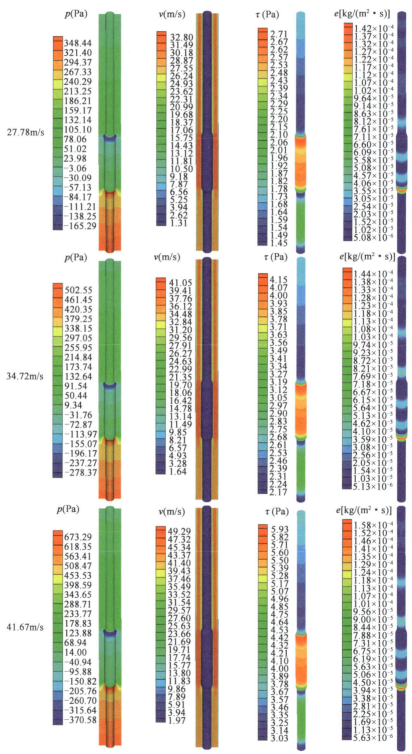

彩图1 不同入口气流速度条件下的模拟结果对比

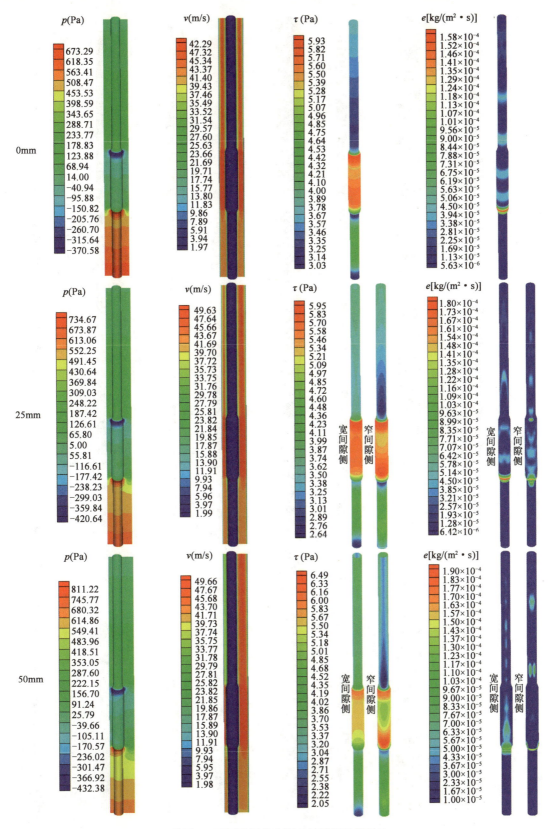

彩图 2　不同钻杆偏心距时的模拟结果对比

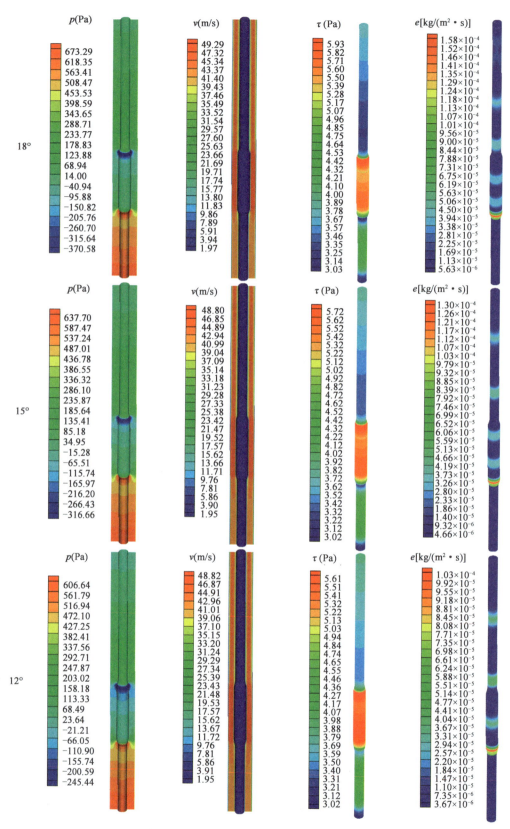

彩图3 不同钻杆接头坡度的模拟结果对比

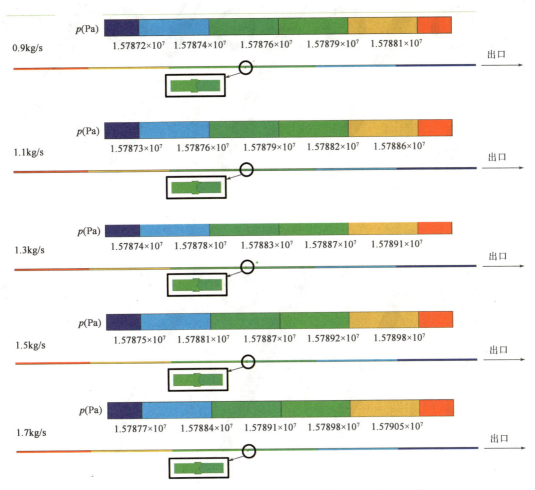

彩图 4　不同页岩气质量流量条件下的油管轴向剖面压力分布

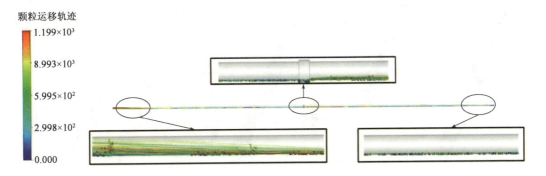

彩图 5　不同气体进口质量流量时的颗粒运移轨迹

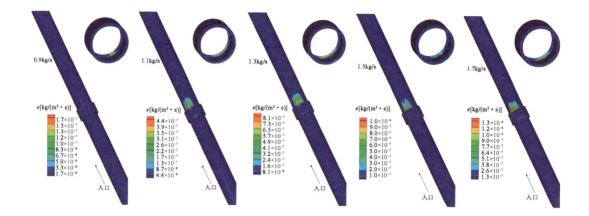

彩图6　不同气体进口质量流量时油管的冲蚀云图

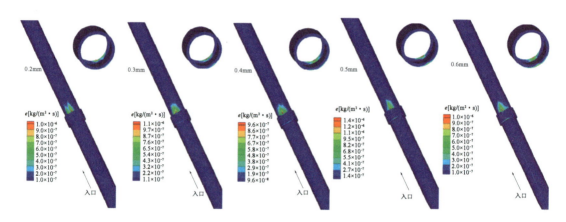

彩图7　不同砂粒直径油管的冲蚀云图

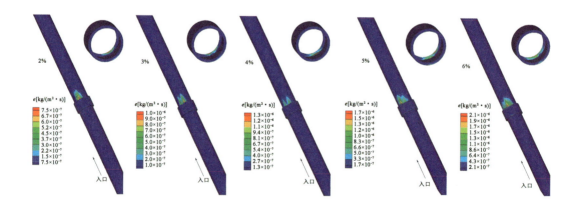

彩图8　不同砂粒浓度时油管的冲蚀云图

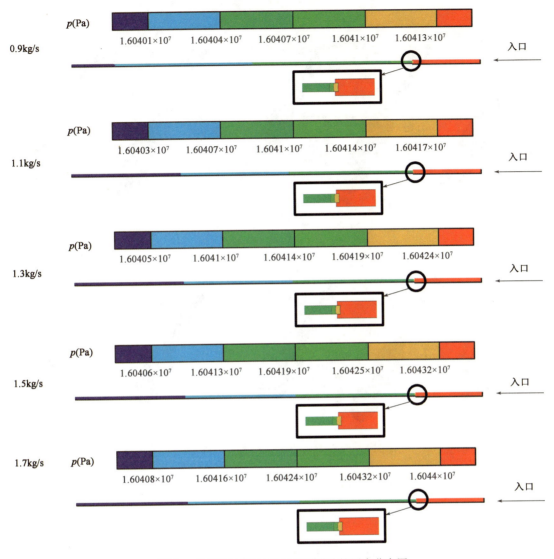

彩图 9　不同进口质量流量封隔器处的压力分布图

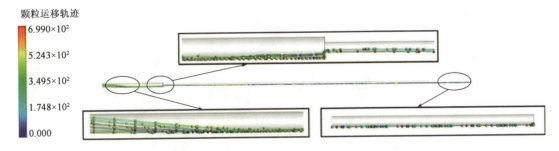

彩图 10　颗粒运移轨迹图

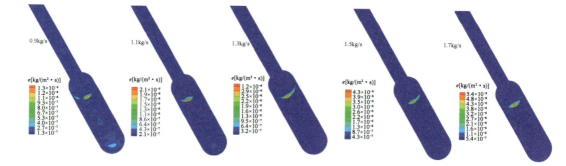

彩图 11　不同进口质量流量时封隔器处的冲蚀云图

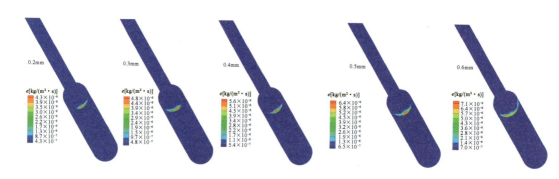

彩图 12　不同砂粒直径时封隔器处的冲蚀云图

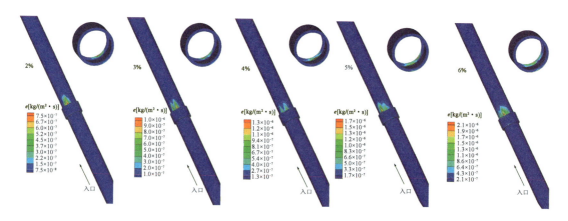

彩图 13　不同砂粒浓度时封隔器处的冲蚀云图

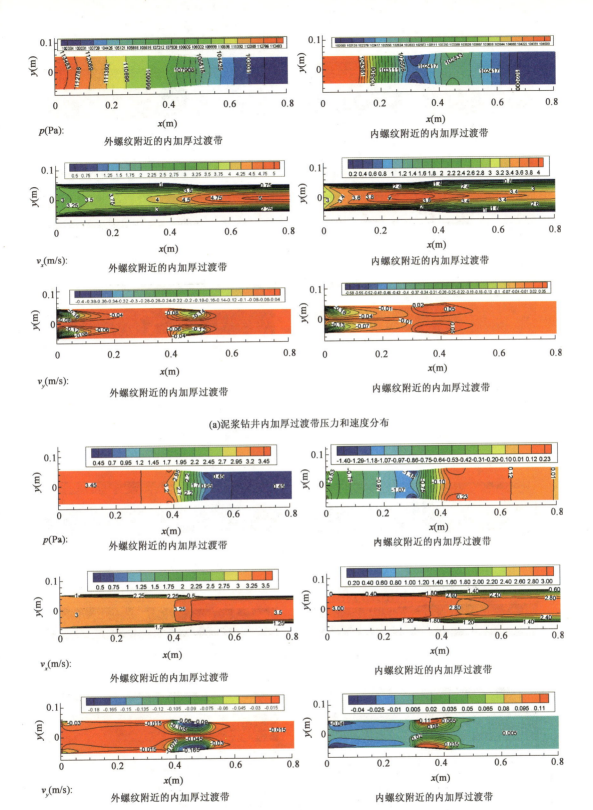

p(Pa):　　　　外螺纹附近的内加厚过渡带　　　　　　　　　内螺纹附近的内加厚过渡带

v_x(m/s):　　　　外螺纹附近的内加厚过渡带　　　　　　　内螺纹附近的内加厚过渡带

v_y(m/s):　　　　外螺纹附近的内加厚过渡带　　　　　　　内螺纹附近的内加厚过渡带

(a)泥浆钻井内加厚过渡带压力和速度分布

p(Pa):　　　　外螺纹附近的内加厚过渡带　　　　　　　　　内螺纹附近的内加厚过渡带

v_x(m/s):　　　　外螺纹附近的内加厚过渡带　　　　　　　内螺纹附近的内加厚过渡带

v_y(m/s):　　　　外螺纹附近的内加厚过渡带　　　　　　　内螺纹附近的内加厚过渡带

(b)空气钻井内加厚过渡带压力和速度分布

彩图 14　不同钻井方法内加厚过渡带压力和速度分布

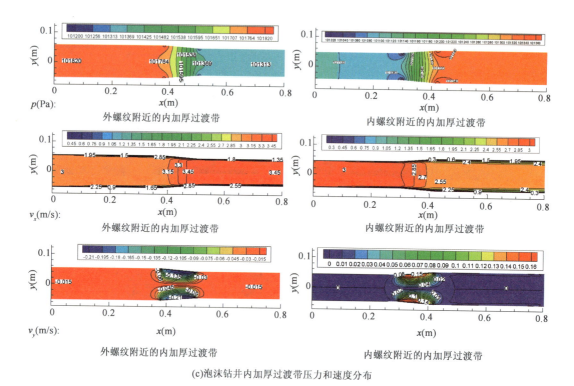

(c)泡沫钻井内加厚过渡带压力和速度分布

彩图14 不同钻井方法内加厚过渡带压力和速度分布(续)

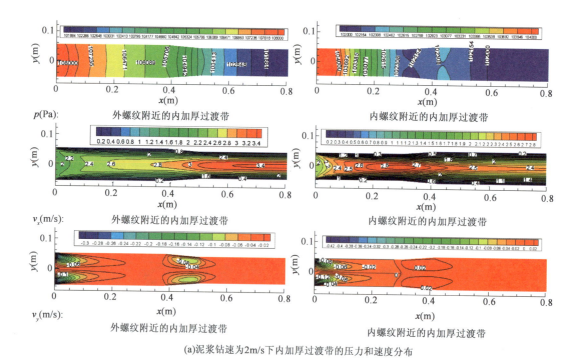

(a)泥浆钻速为2m/s下内加厚过渡带的压力和速度分布

彩图15 不同泥浆钻速下内加厚过渡带的压力和速度分布

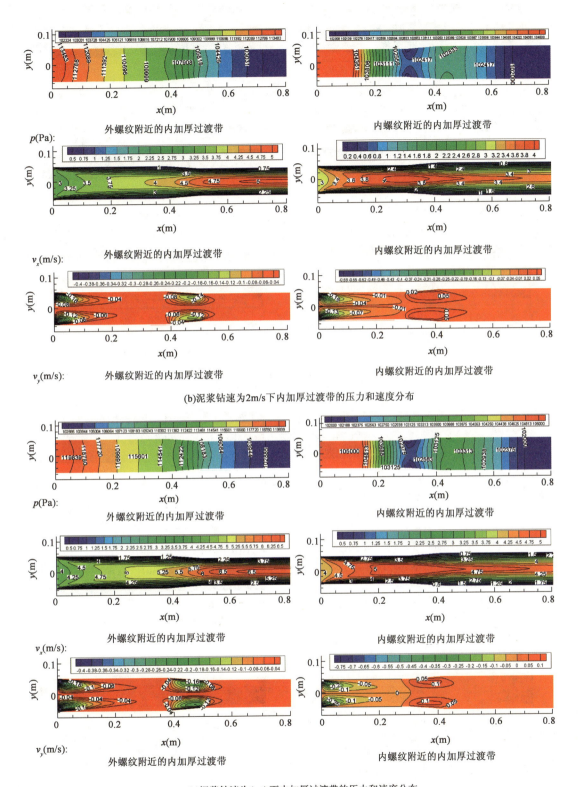

外螺纹附近的内加厚过渡带 内螺纹附近的内加厚过渡带

(b)泥浆钻速为2m/s下内加厚过渡带的压力和速度分布

外螺纹附近的内加厚过渡带 内螺纹附近的内加厚过渡带

(c)泥浆钻速为4m/s下内加厚过渡带的压力和速度分布

彩图15 不同泥浆钻速下内加厚过渡带的压力和速度分布(续)

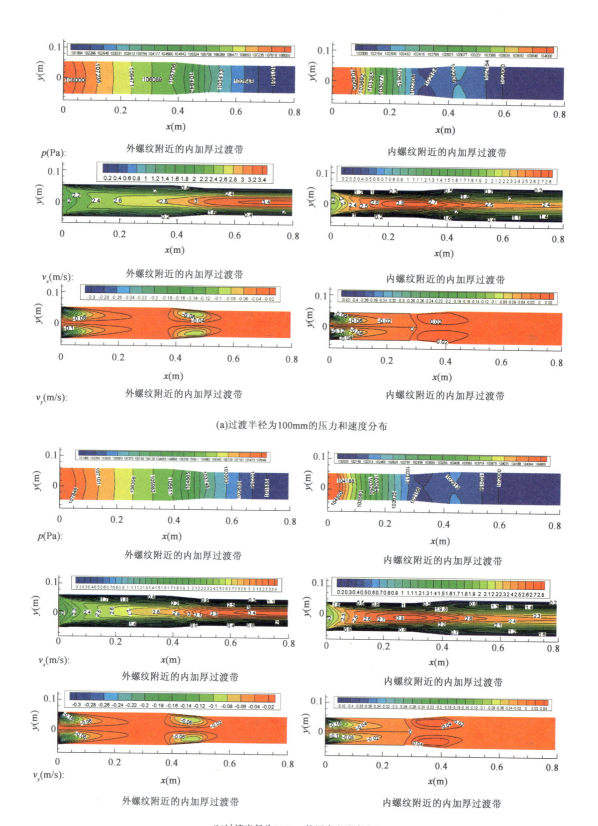

(a)过渡半径为100mm的压力和速度分布

(b)过渡半径为200mm的压力和速度分布

彩图16　不同过渡半径的压力和速度分布

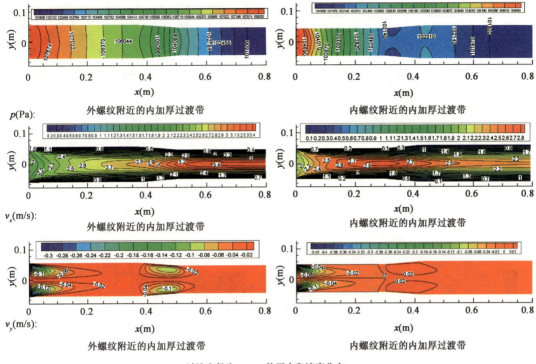

(c)过渡半径为300mm的压力和速度分布

彩图16　不同过渡半径的压力和速度分布(续)

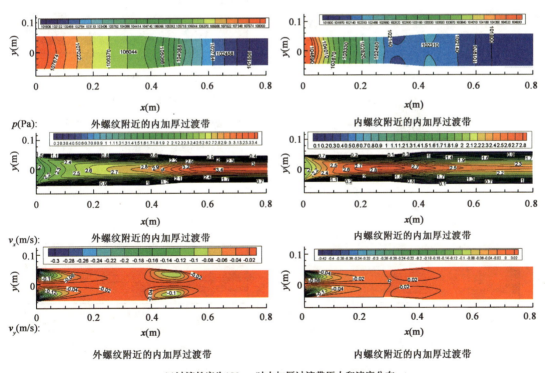

(a)过渡长度为120mm时内加厚过渡带压力和速度分布

彩图17　不同过渡长度内加厚过渡带压力和速度分布

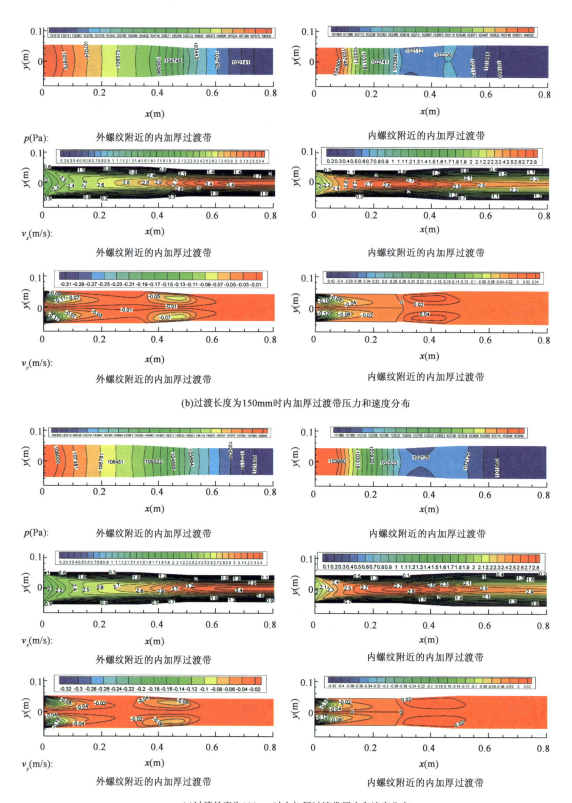

(b)过渡长度为150mm时内加厚过渡带压力和速度分布

(c)过渡长度为180mm时内加厚过渡带压力和速度分布

彩图17 不同过渡长度内加厚过渡带压力和速度分布(续)

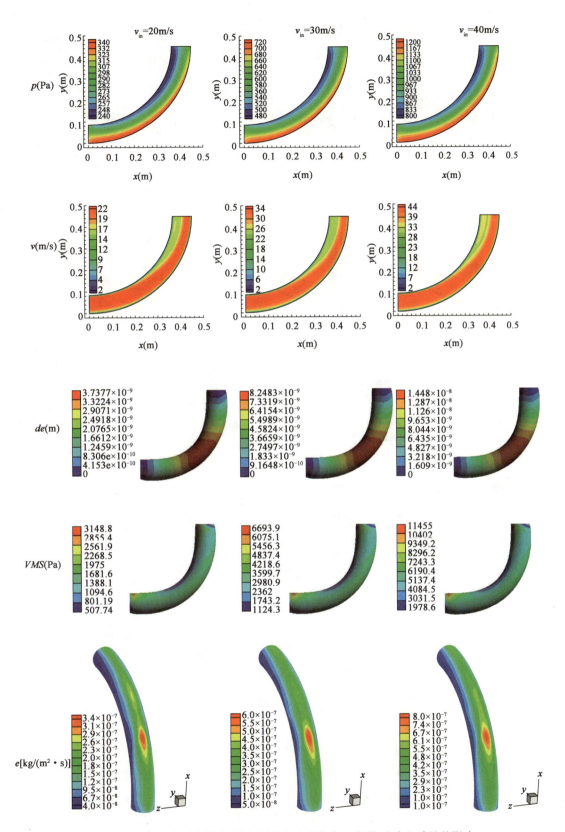

彩图 18　进气速度对弯管内流场（压力和速度分布）、变形、应力和冲蚀的影响

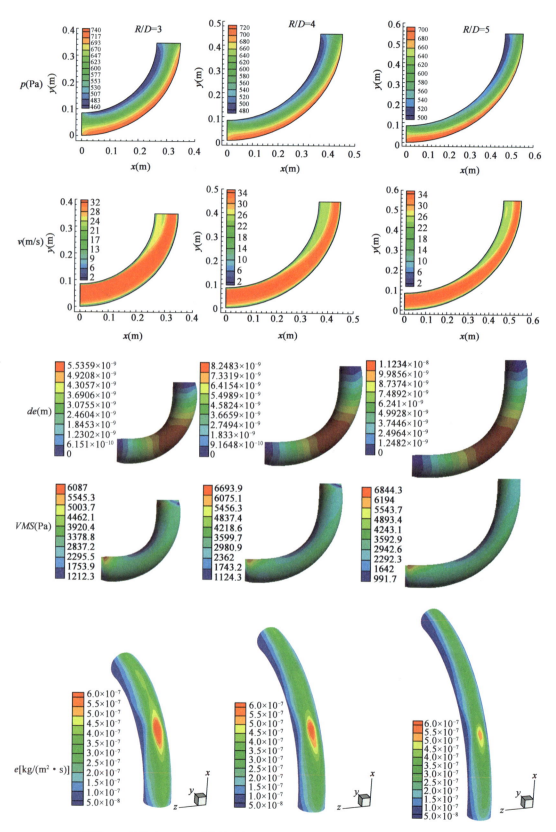

彩图19　弯径比(R/D)对弯管流场(压力和速度分布)、变形、应力和冲蚀的影响

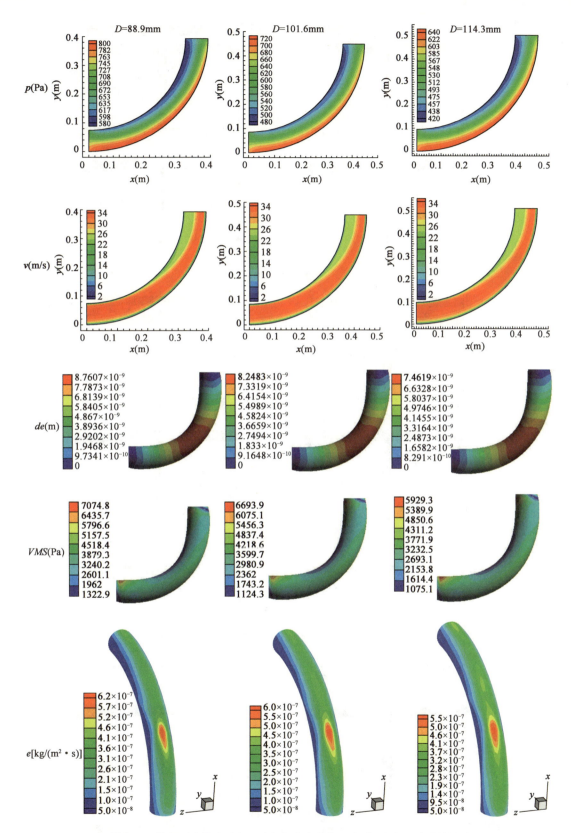

彩图 20　管径对弯管内流场(压力和速度分布)、变形、应力和冲蚀的影响

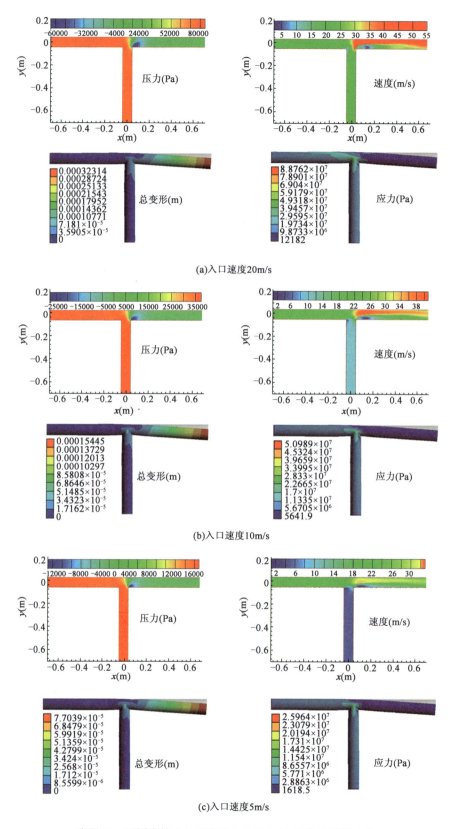

(a)入口速度20m/s

(b)入口速度10m/s

(c)入口速度5m/s

彩图21 不同支管入口速度下的流场分布、变形及管道应力

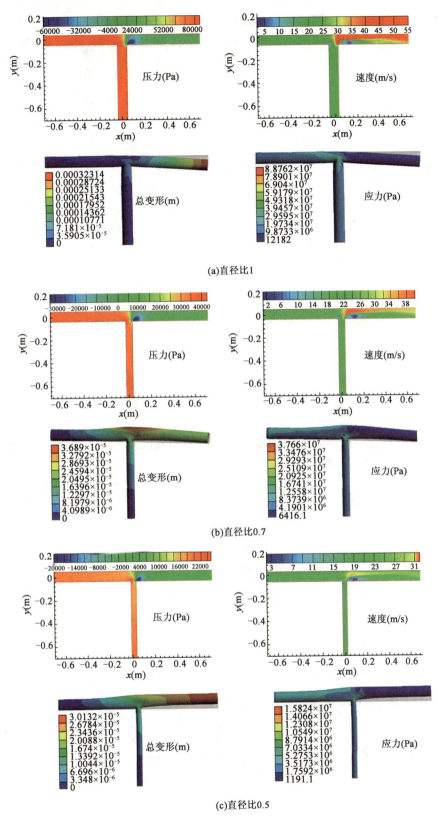

(a)直径比1

(b)直径比0.7

(c)直径比0.5

彩图22　不同直径比的流场分布、变形及应力

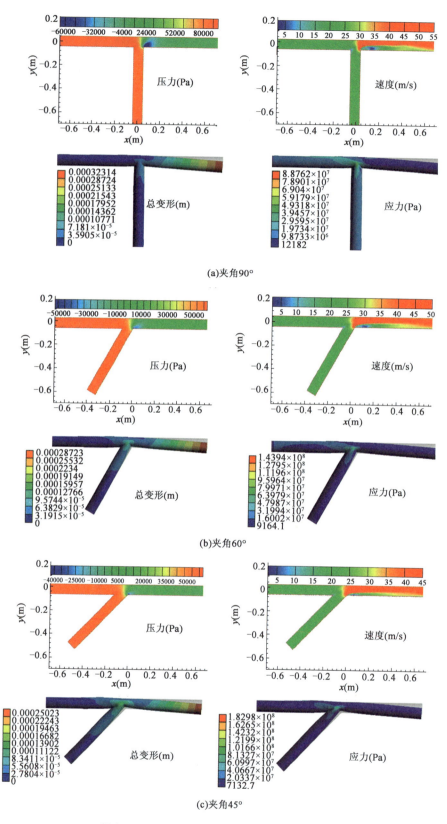

(a)夹角90°

(b)夹角60°

(c)夹角45°

彩图23　不同夹角三通管流场分布、变形及应力

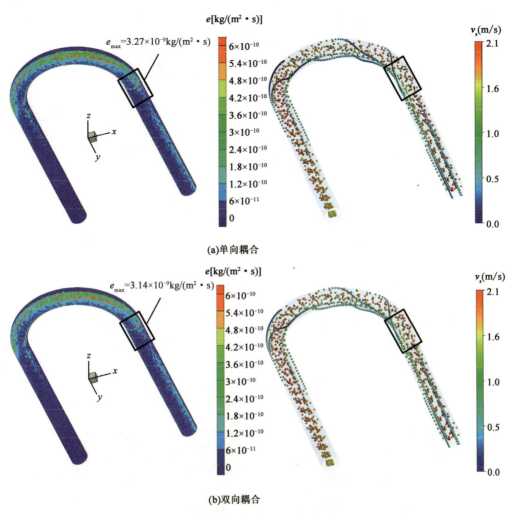

$e_{max}=3.27\times10^{-9}kg/(m^2\cdot s)$

$e[kg/(m^2\cdot s)]$

$v_s(m/s)$

(a)单向耦合

$e_{max}=3.14\times10^{-9}kg/(m^2\cdot s)$

$e[kg/(m^2\cdot s)]$

$v_s(m/s)$

(b)双向耦合

彩图24　单向耦合和双向耦合对比

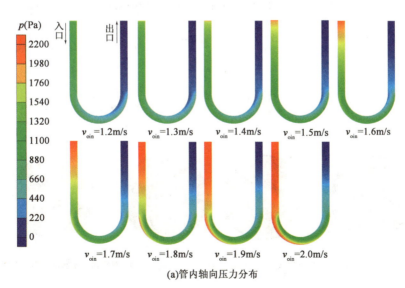

p(Pa)

入口　出口

$v_{oin}=1.2m/s$　$v_{oin}=1.3m/s$　$v_{oin}=1.4m/s$　$v_{oin}=1.5m/s$　$v_{oin}=1.6m/s$

$v_{oin}=1.7m/s$　$v_{oin}=1.8m/s$　$v_{oin}=1.9m/s$　$v_{oin}=2.0m/s$

(a)管内轴向压力分布

彩图25　不同入口流速下的压力变化

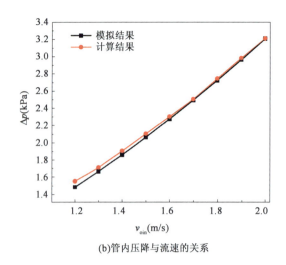

(b)管内压降与流速的关系

彩图 25　不同入口流速下的压力变化(续)

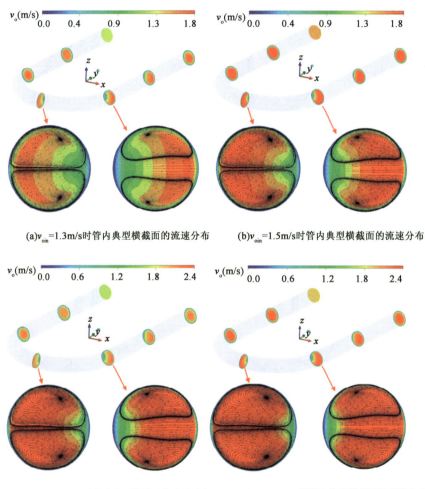

(a)v_{oin}=1.3m/s时管内典型横截面的流速分布　　(b)v_{oin}=1.5m/s时管内典型横截面的流速分布

(c)v_{oin}=1.7m/s时管内典型横截面的流速分布　　(d)v_{oin}=1.9m/s时管内典型横截面的流速分布

彩图 26　不同入口流速下管内典型横截面的流速分布

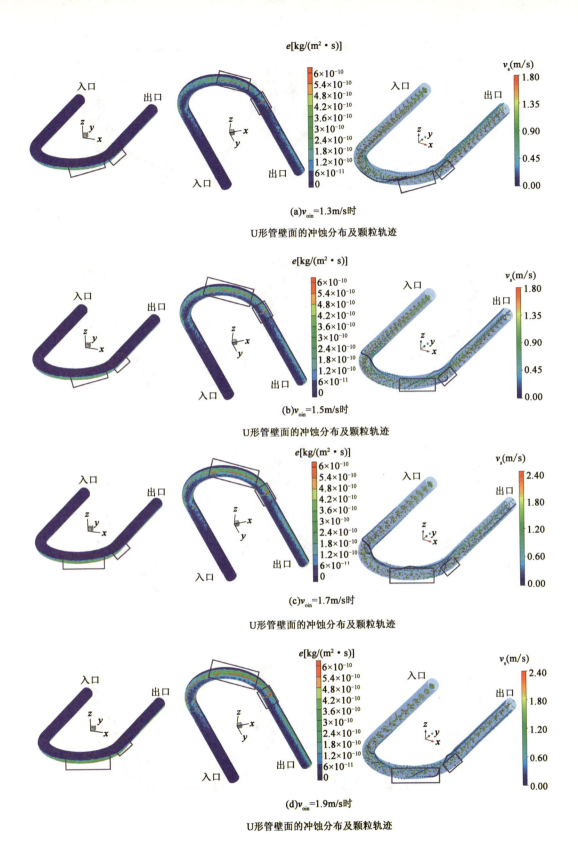

$e[kg/(m^2 \cdot s)]$

(a)v_{oin}=1.3m/s时

U形管壁面的冲蚀分布及颗粒轨迹

(b)v_{oin}=1.5m/s时

U形管壁面的冲蚀分布及颗粒轨迹

(c)v_{oin}=1.7m/s时

U形管壁面的冲蚀分布及颗粒轨迹

(d)v_{oin}=1.9m/s时

U形管壁面的冲蚀分布及颗粒轨迹

彩图27　不同入口流速条件下U形管壁面的冲蚀分布及颗粒轨迹

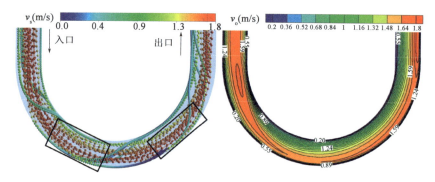

(a)v_{oin}=1.3m/s时颗粒撞击情况及油流速度分布

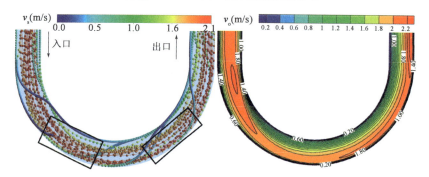

(b)v_{oin}=1.5m/s时颗粒撞击情况及油流速度分布

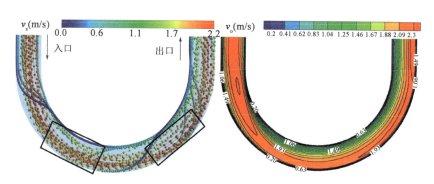

(c)v_{oin}=1.7m/s时颗粒撞击情况及油流速度分布

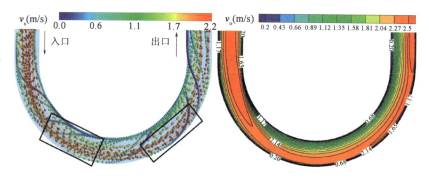

(d)v_{oin}=1.9m/s时颗粒撞击情况及油流速度分布

彩图28 颗粒撞击情况及油流速度分布

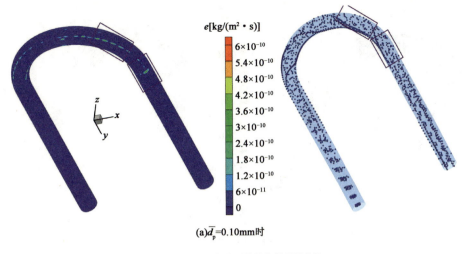

(a)$\overline{d}_\mathrm{p}$=0.10mm时

U形弯壁的冲蚀及相应平均粒径的颗粒轨迹

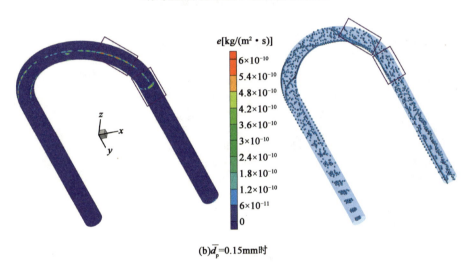

(b)$\overline{d}_\mathrm{p}$=0.15mm时

U形弯壁的冲蚀及相应平均粒径的颗粒轨迹

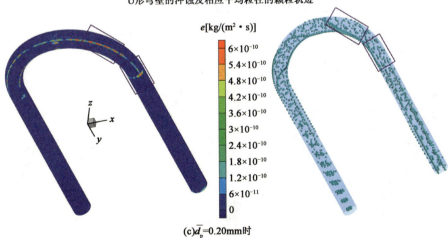

(c)$\overline{d}_\mathrm{p}$=0.20mm时

U形弯壁的冲蚀及相应平均粒径的颗粒轨迹

彩图29　不同平均粒径 U 形弯壁的冲蚀及相应平均粒径的颗粒轨迹

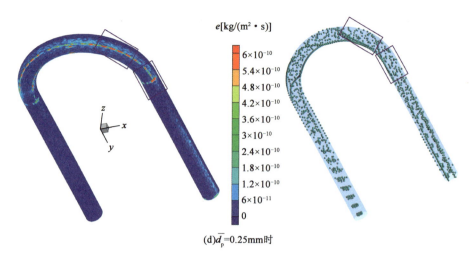

(d)$\overline{d}_p$=0.25mm时

U形弯壁的冲蚀及相应平均粒径的颗粒轨迹

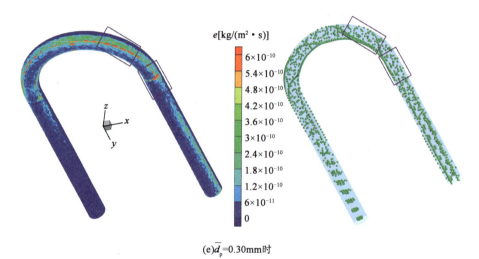

(e)$\overline{d}_p$=0.30mm时

U形弯壁的冲蚀及相应平均粒径的颗粒轨迹

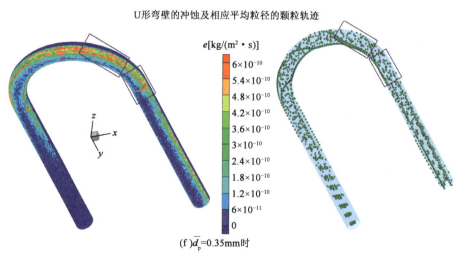

(f)$\overline{d}_p$=0.35mm时

U形弯壁的冲蚀及相应平均粒径的颗粒轨迹

彩图 29　不同平均粒径 U 形弯壁的冲蚀及相应平均粒径的颗粒轨迹(续)

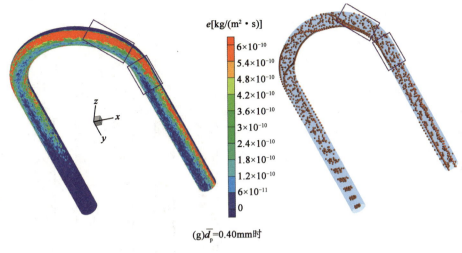

(g)$\overline{d}_p$=0.40mm时

U形弯壁的冲蚀及相应平均粒径的颗粒轨迹

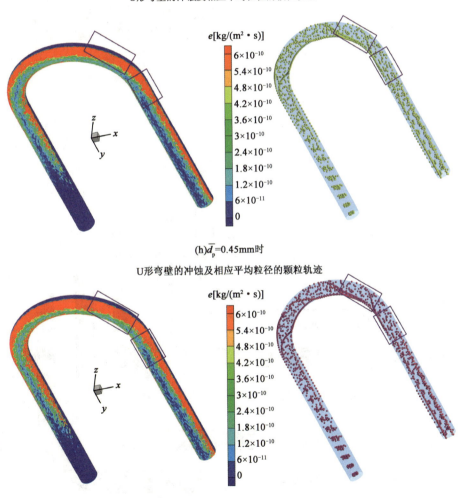

(h)$\overline{d}_p$=0.45mm时

U形弯壁的冲蚀及相应平均粒径的颗粒轨迹

(i)$\overline{d}_p$=0.50mm时

U形弯壁的冲蚀及相应平均粒径的颗粒轨迹

彩图29　不同平均粒径U形弯壁的冲蚀及相应平均粒径的颗粒轨迹(续)

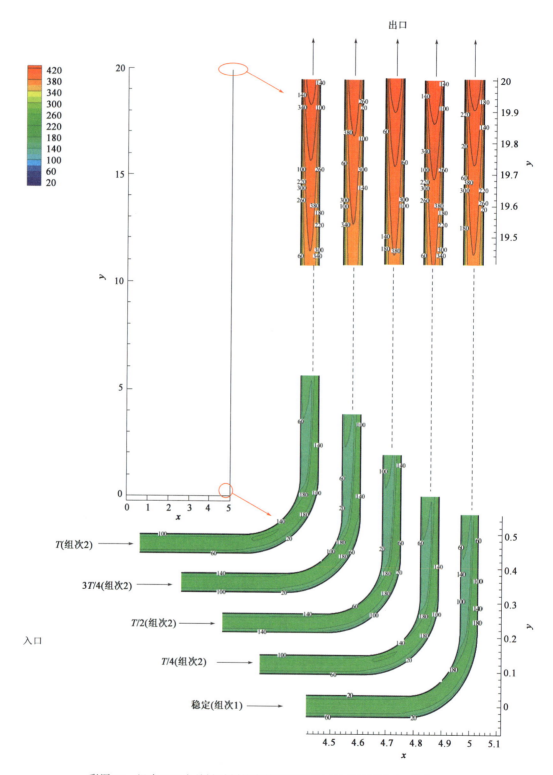

彩图 30　组次 2 四个关键时刻的弯管和管线出口处的速度分布(单位:m/s)

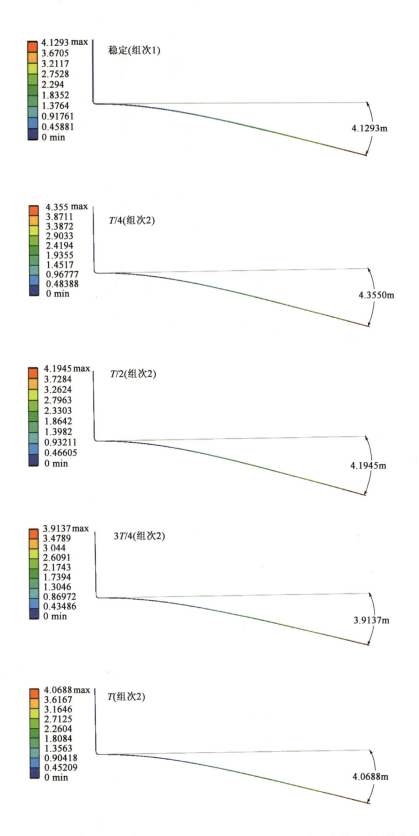

彩图31　与稳定流量(组次1)相比，在组次2的四个关键时刻位于弯管下游的管线位移

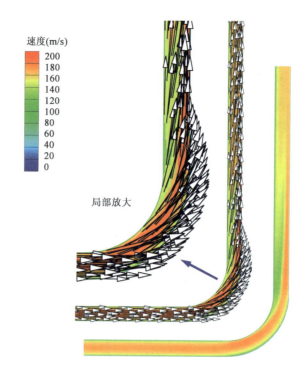

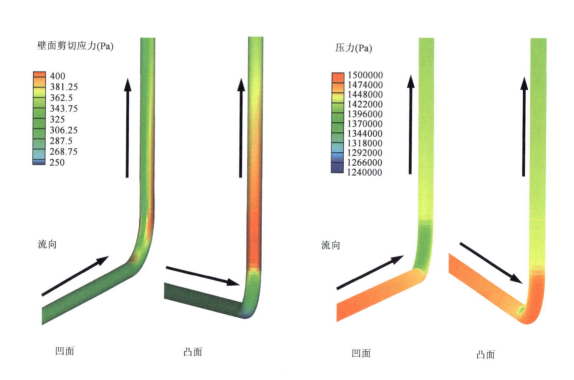

(a)轴向截面的速度矢量

(b)作用在内外侧壁上的压力和壁面剪切应力

彩图 32　组次 1 中弯管的速度矢量和表面应力分布

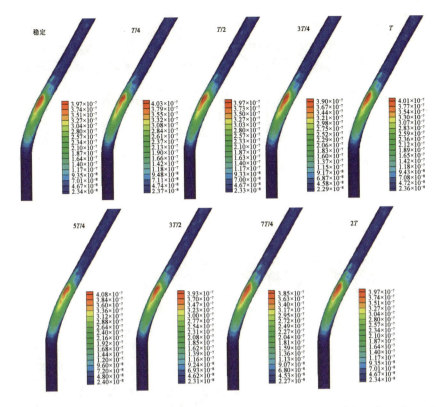

彩图 33　在组次 2 的关键时刻弯管的流动冲蚀率与组次 1 相比［单位：kg²／（m²·s）］

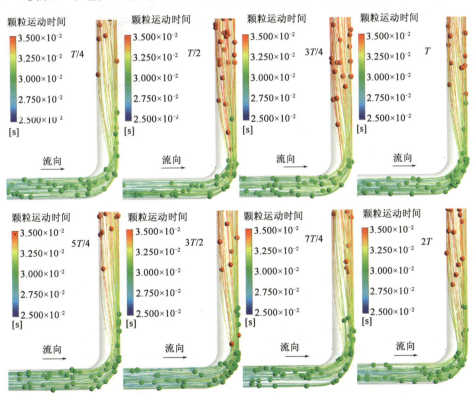

彩图 34　组次 2 中关键时刻弯管内的瞬态粒子跟踪情况

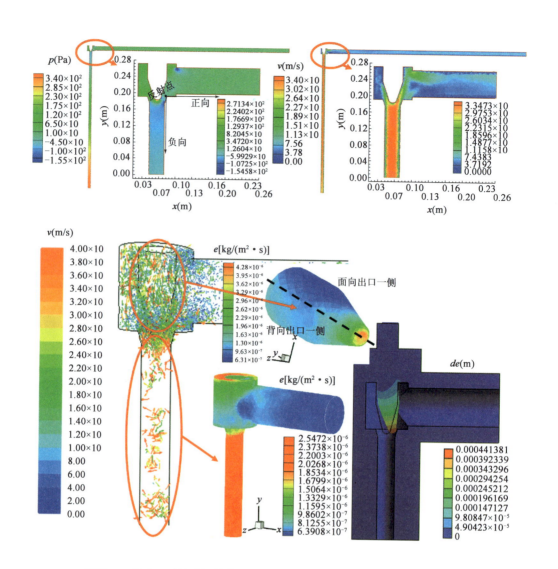

彩图35 组次1时针形阀纵截面的压力和速度分布、流动冲蚀速率和总变形

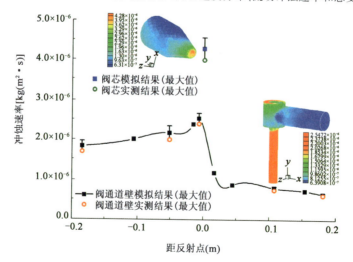

彩图36 测量和预测的流动冲蚀速率的比较

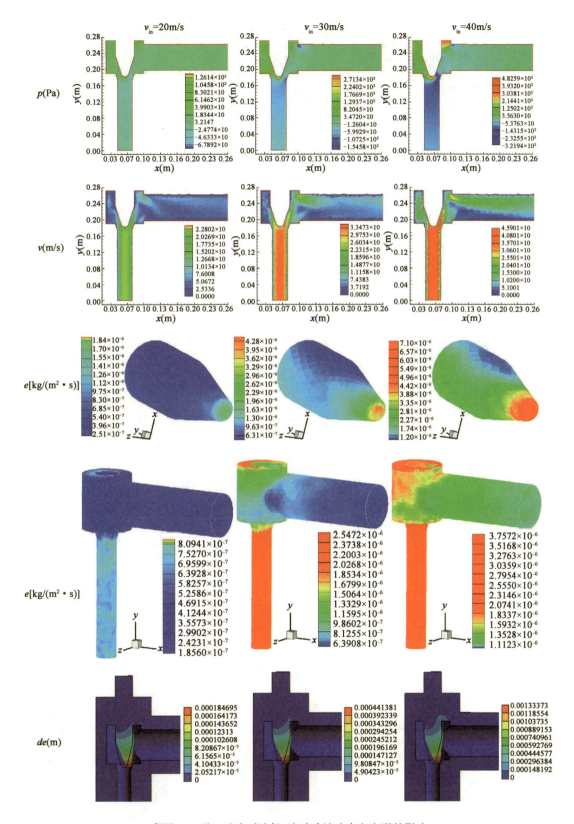

彩图 37　进口速度对流场、流动冲蚀速率和变形的影响

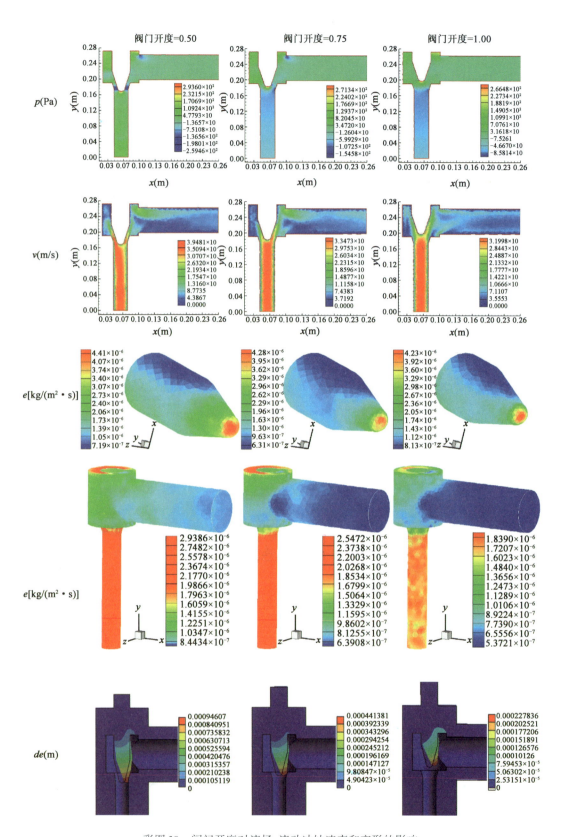

彩图 38　阀门开度对流场、流动冲蚀速率和变形的影响

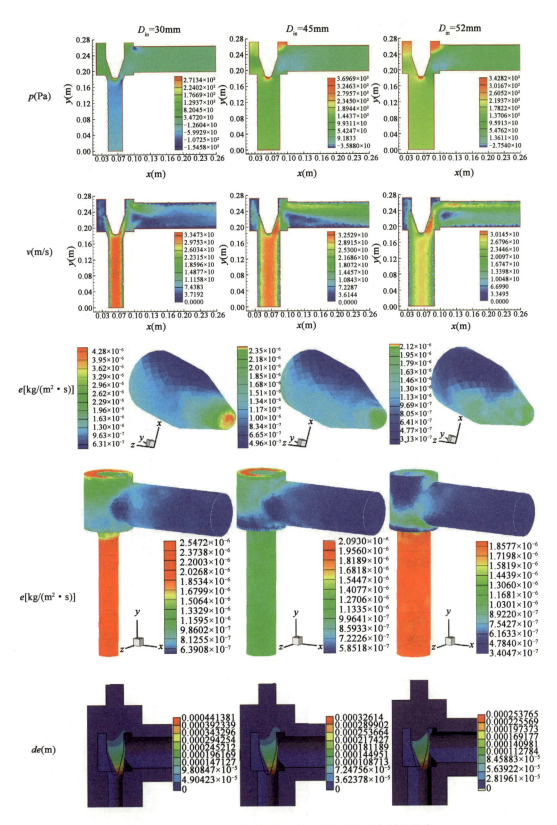

彩图39　进口阀通道尺寸对流场、流动冲蚀速率和变形的影响

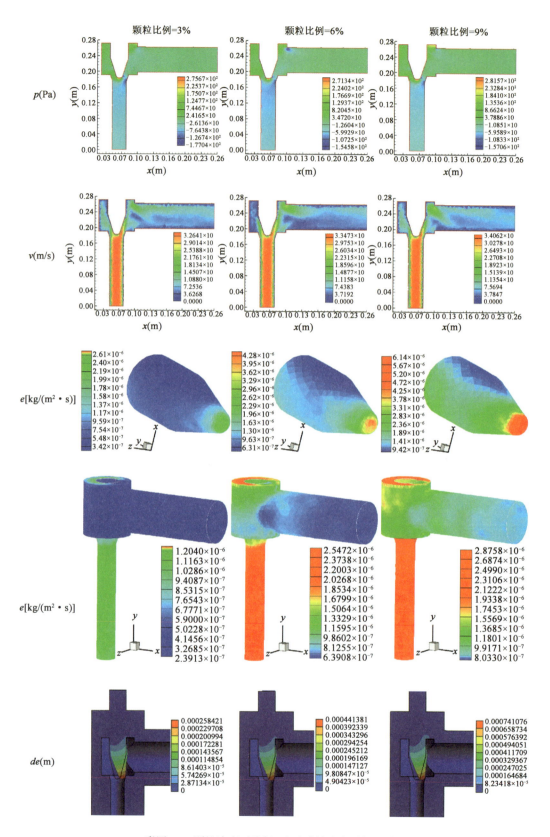

彩图 40　颗粒浓度对流场、流动冲蚀和变形的影响

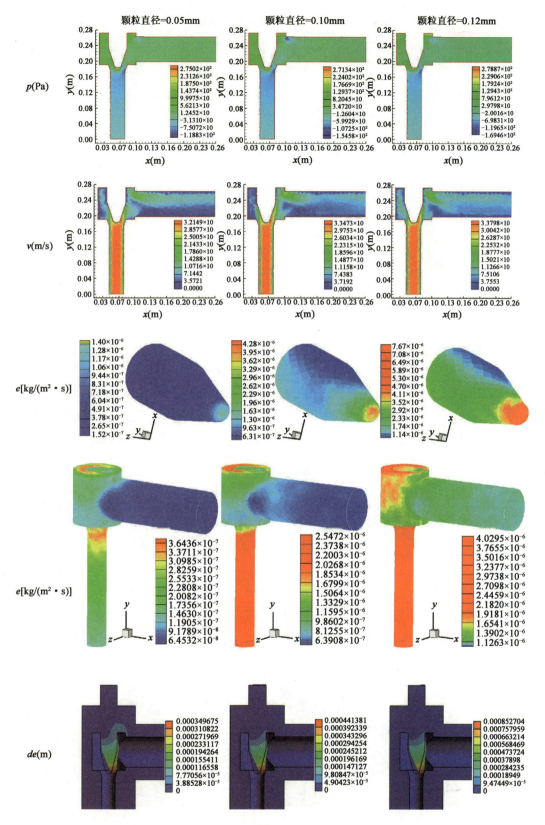

彩图 41　颗粒直径对流场、流动冲蚀和变形的影响

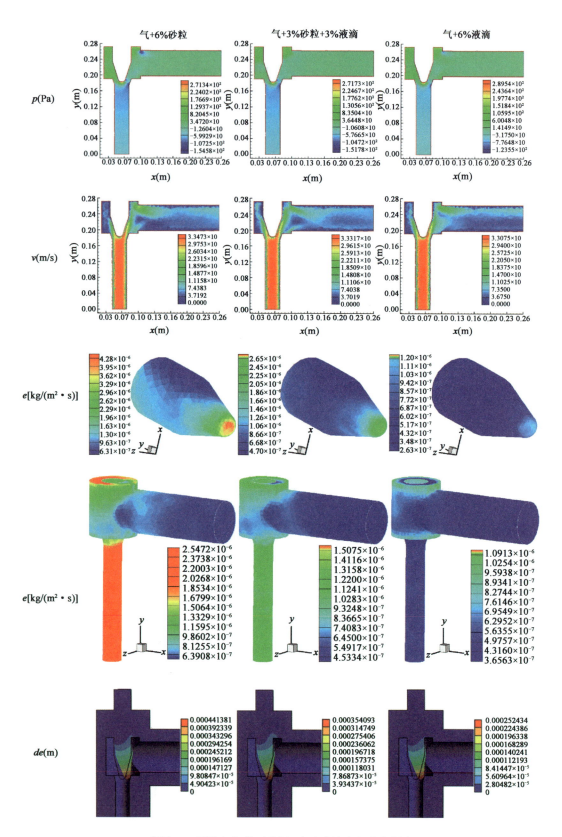

彩图 42　颗粒相组分对流场、流动冲蚀和变形的影响

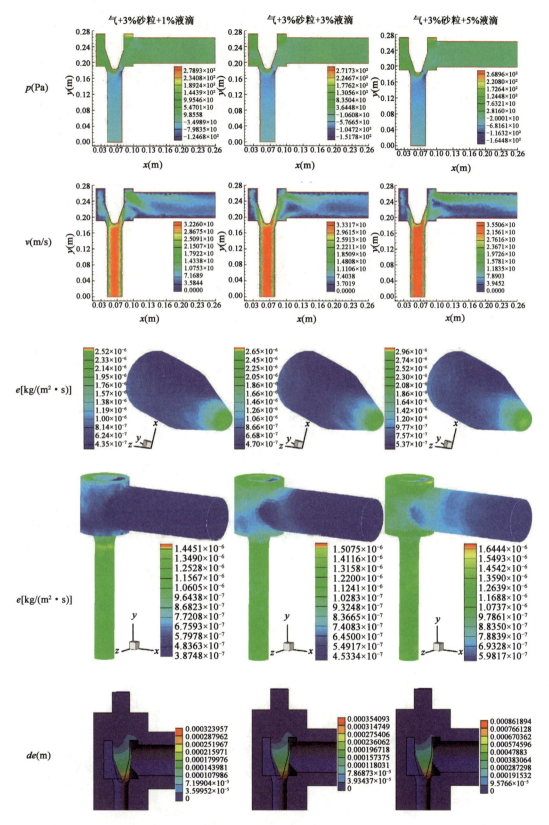

彩图43 液滴含量对流场、流动冲蚀和变形的影响

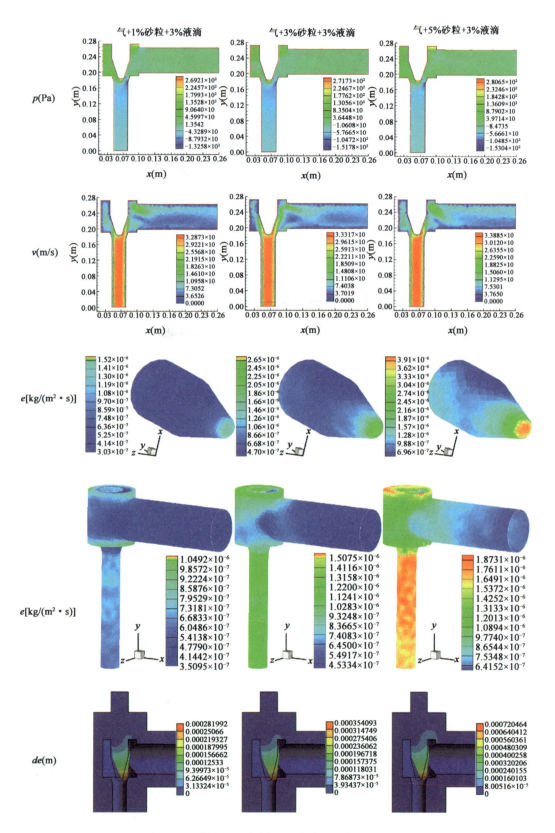

彩图 44 砂粒含量对流场、流动冲蚀和变形的影响

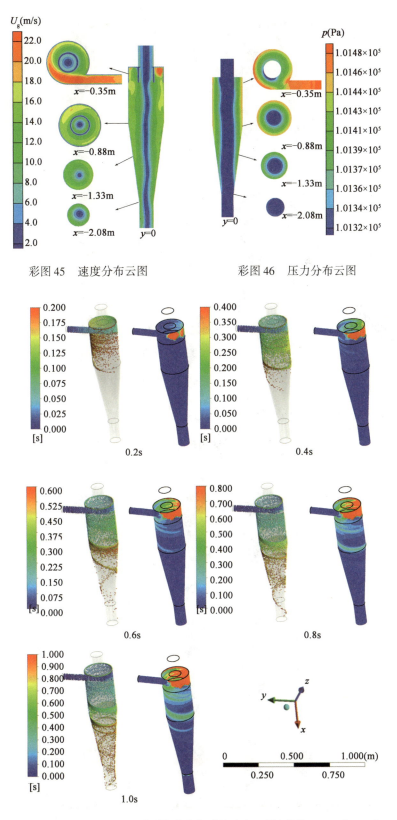

彩图 45　速度分布云图　　　　彩图 46　压力分布云图

彩图 47　$v_{gin} = 20$ m/s 时颗粒分布与冲蚀速率云图 [单位：kg/（m² · s）]

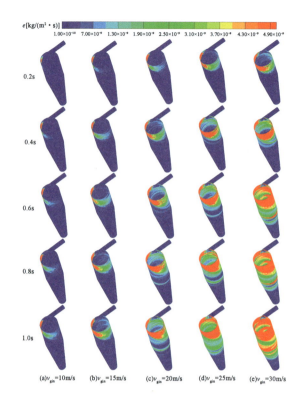

彩图48　不同气体入口流速下的分离器冲蚀

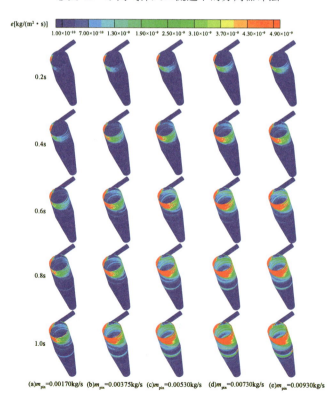

彩图49　不同颗粒质量流量下的分离器冲蚀

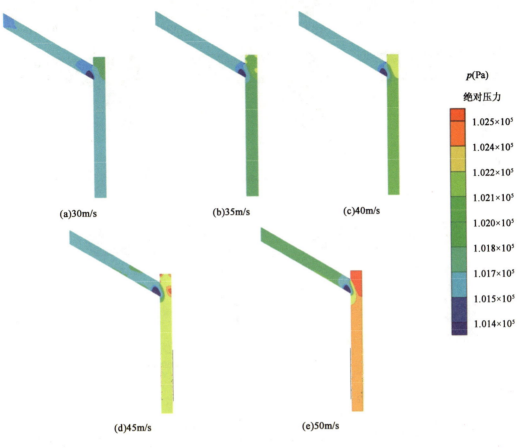

彩图 50　不同流速下 v_{gin} 的盲通管横截面压力分布云图

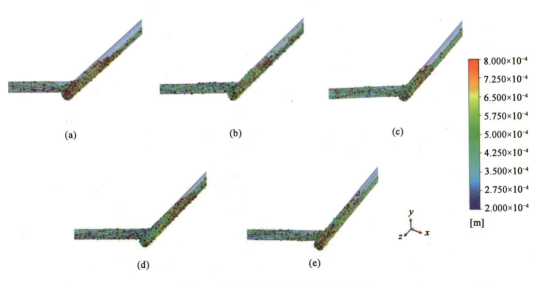

彩图 51　不同流速下的颗粒轨迹示意图

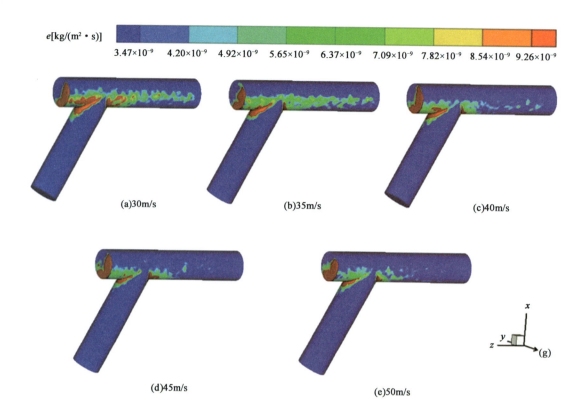

彩图 52　不同气流速度 v_{gin} 下的盲通管冲蚀效果图

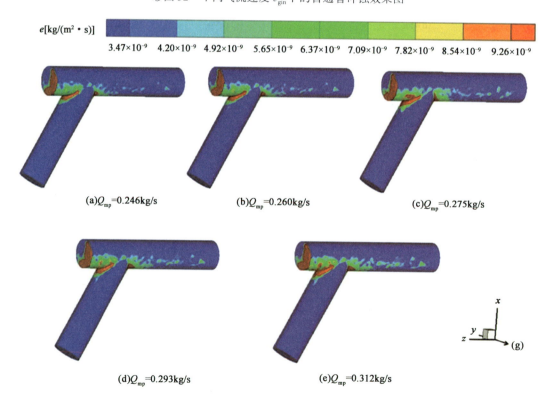

彩图 53　不同砂粒质量流量下的盲通管冲蚀效果图

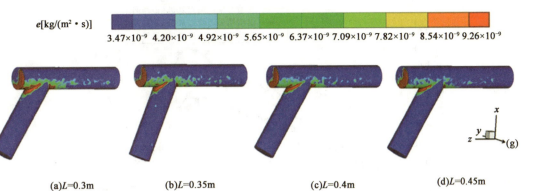

$e[kg/(m^2 \cdot s)]$

3.47×10^{-9}　4.20×10^{-9}　4.92×10^{-9}　5.65×10^{-9}　6.37×10^{-9}　7.09×10^{-9}　7.82×10^{-9}　8.54×10^{-9}　9.26×10^{-9}

(a)$L=0.3m$　　　(b)$L=0.35m$　　　(c)$L=0.4m$　　　(d)$L=0.45m$

彩图54　不同盲通长度(L)下的盲通管冲蚀效果图

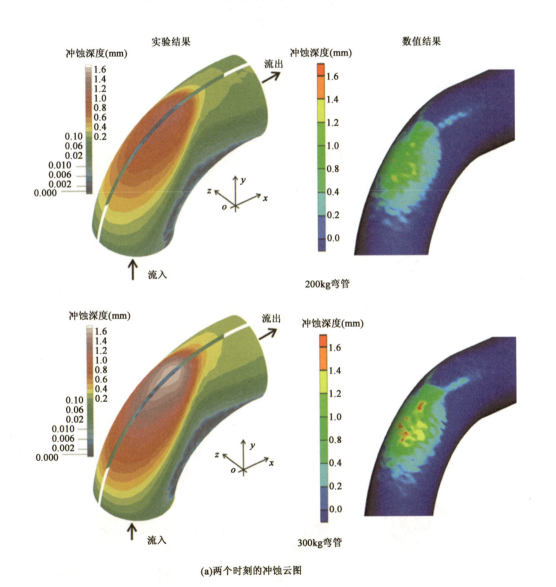

(a)两个时刻的冲蚀云图

彩图55　数值结果与前人实验结果对比

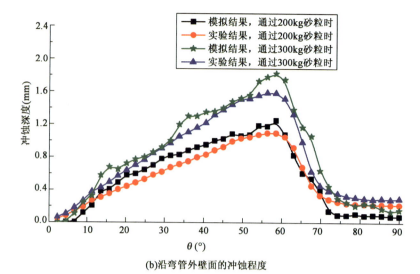

(b)沿弯管外壁面的冲蚀程度

彩图 55　数值结果与前人实验结果对比

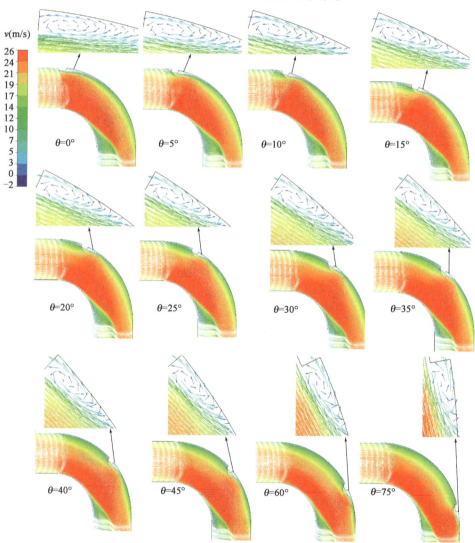

彩图 56　肋条安装在不同位置时的弯管内部速度矢量($v_{in}=20\mathrm{m/s}$，$Q_{mp}=0.02\mathrm{kg/s}$)

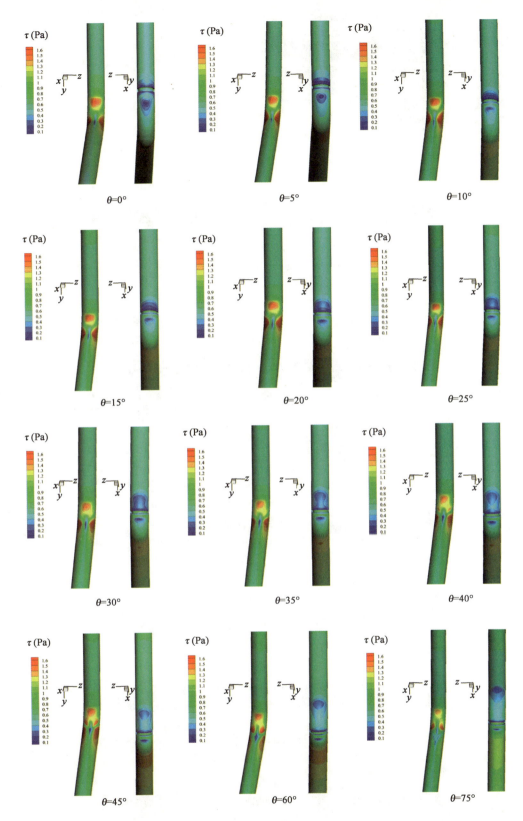

彩图57　肋条安装在不同位置时弯管上内外拱壁承受的剪切应力($v_{in}=20\text{m/s}$，$Q_{mp}=0.02\text{kg/s}$)

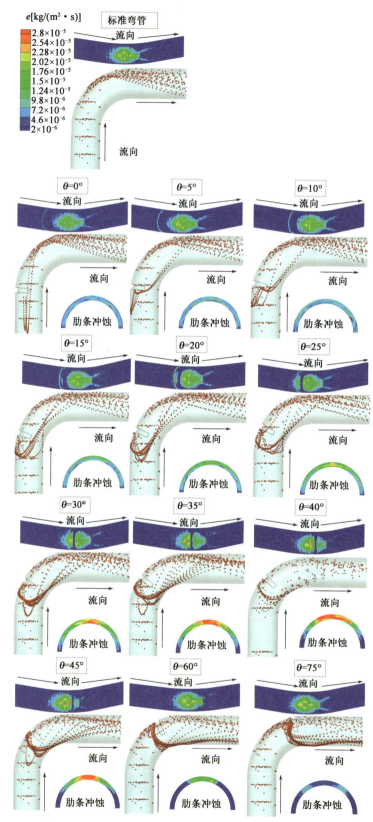

彩图 58　在不同位置(v_{in} = 20m/s 和 Q_{mp} = 0.02kg/s)安装肋条的 90° 弯管冲蚀速率和颗粒轨迹

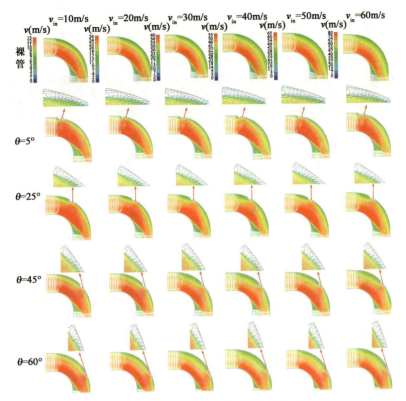

彩图59　不同进口流速弯管内部速度矢量图

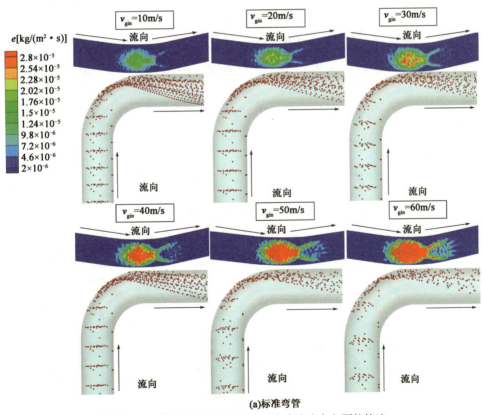

(a)标准弯管

彩图60　弯管在不同进口流速时的冲蚀速率和颗粒轨迹

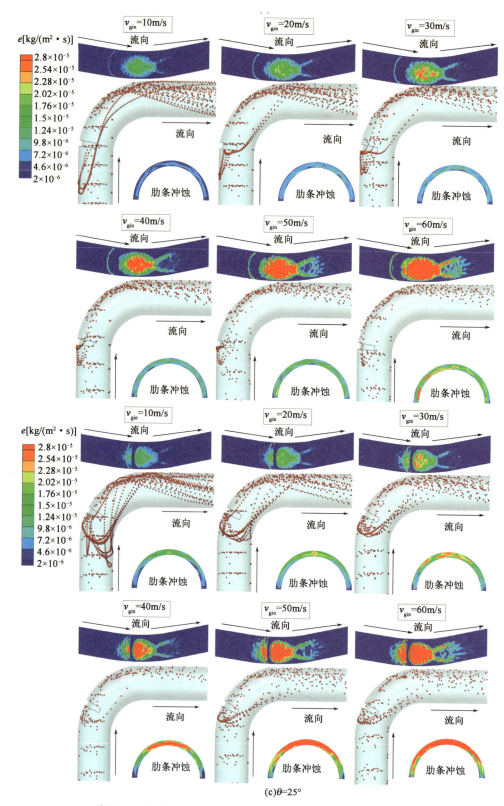

彩图60　弯管在不同进口流速时的冲蚀速率和颗粒轨迹(续)

(c)θ=25°

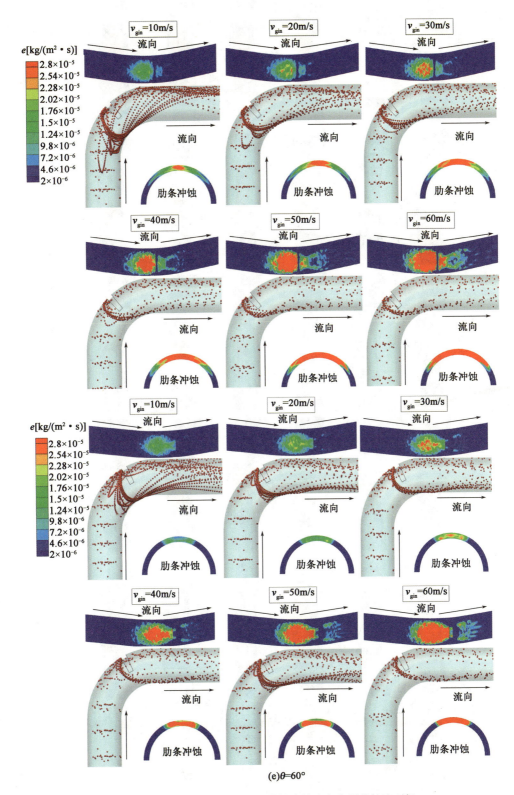

(e)$\theta=60°$

彩图60　弯管在不同进口流速时的冲蚀速率和颗粒轨迹(续)

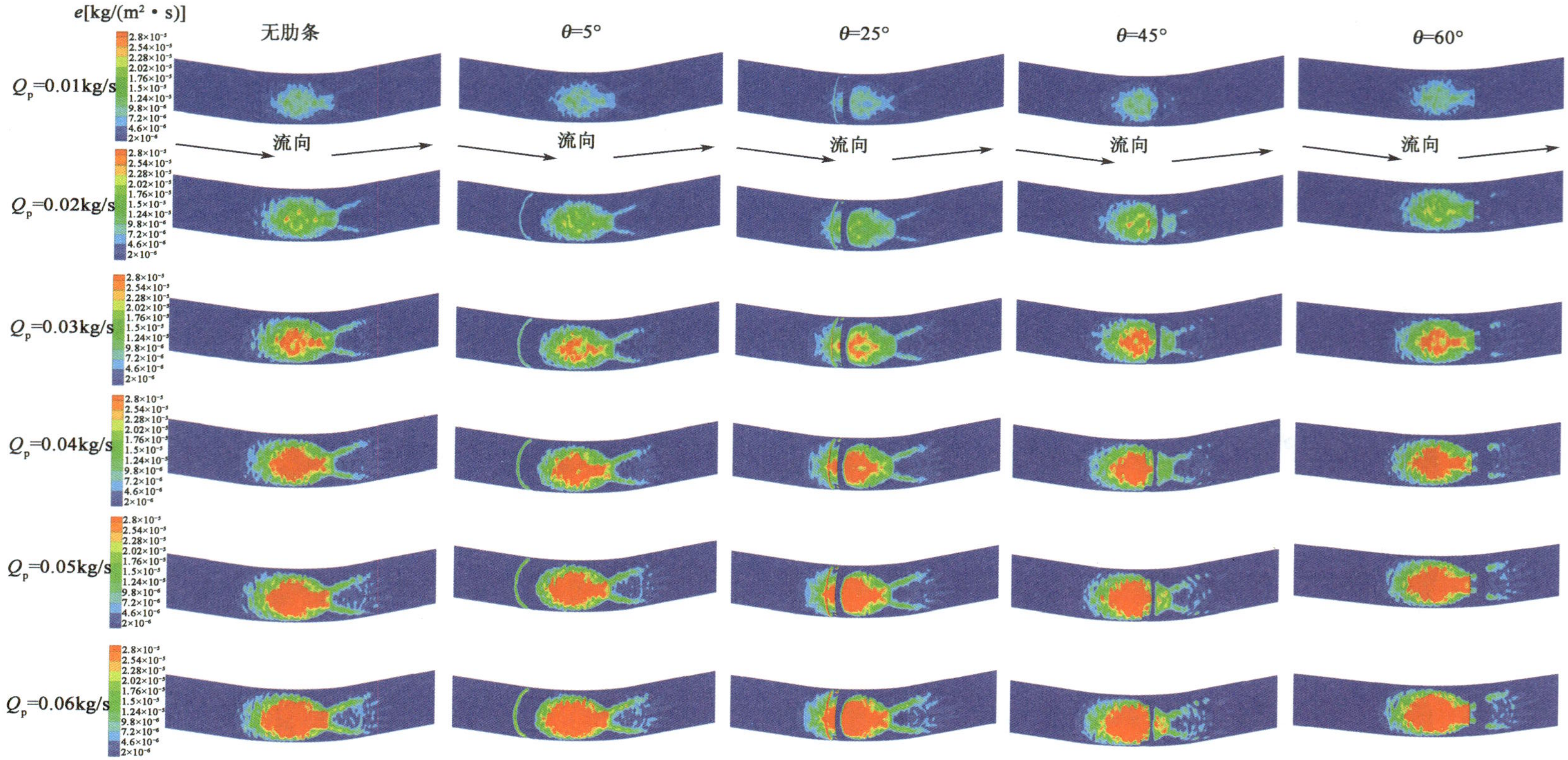

彩图61　不同颗粒质量流量时的冲蚀速率分布